编委会

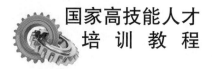

国家高技能人才
培训教程

电子技术
一体化实训教程

DIANZI JISHU

YITIHUA SHIXUN JIAOCHENG

主　编　李　楠

副主编　张元勇　肖　华

云南大学出版社
YUNNAN UNIVERSITY PRESS

图书在版编目（CIP）数据

电子技术一体化实训教程 / 李楠主编 . –– 昆明：
云南大学出版社 , 2020
　国家高技能人才培训教程
　ISBN 978-7-5482-4145-4

　Ⅰ . ①电… Ⅱ . ①李… Ⅲ . ①电子技术—高等职业教
育—教材 Ⅳ . ① TN

　中国版本图书馆 CIP 数据核字 (2020) 第 192391 号

策　　划：朱　军　孙吟峰
责任编辑：蔡小旭
装帧设计：王嬗一

国家高技能人才培训教程

电子技术
一体化实训教程

主　编　李　楠
副主编　张元勇　肖　华

出版发行：云南大学出版社
印　　装：昆明理煋印务有限公司
开　　本：787mm×1092mm　1/16
印　　张：10
字　　数：218 千
版　　次：2020 年 11 月第 1 版
印　　次：2020 年 11 月第 1 次印刷
书　　号：ISBN 978-7-5482-4145-4
定　　价：45.00 元

社　　址：云南省昆明市翠湖北路 2 号云南大学英华园内（650091）
电　　话：（0871）65033307　65033244
网　　址：http://www.ynup.com
E – mail：market@ynup.com

若发现本书有印装质量问题，请与印厂联系调换，联系电话：0871-64167045。

前　言

随着电子技术领域新技术、新材料、新元件的发展和社会需求的增加，社会对人才特别是高技能人才提出了新的要求，针对新要求，中高等职业技术学院对电工类专业的教学要求、教学方式也在进行不断调整。

本书是依据《国家职业标准》和《职业技能鉴定规范》编写的高技能人才培训系列教材。本书采用项目教学方法，根据就业岗位对技能型人才所需能力的要求，加强了实践性教学内容；采用了理论知识和技能训练一体化的编写模式引导学生完成工作任务；在任务完成过程中，进行理论实践一体化的学习，充分体现了"做中学""学中做"的教学理念。本书在内容的呈现形式上，尽可能使用图片和表格等形式将知识点生动地展示出来，力求让学生更直观地理解和掌握所学内容。

本书的编写思路体现了职业教育课程改革的新理念，理论知识讲授以够用为度，文字阐述浅显易懂，紧密结合职业技能考核，着力培养实践能力。本书内容分为模拟电路部分和数字电路部分两章，全书由 12 个项目组成。考虑到中职学生自身的特点，课题难度选取由浅入深、循序渐进，课题有很强的趣味性、实用性、代表性。每个项目设置了教学目标、任务描述、任务要求、相关知识、软件仿真、任务实施、能力拓展、任务评价等环节。任务过程设计是结合企业岗位需要完成的。任务模拟了电子产品从领取任务、设计电路、仿真电路、PCB 设计打样、装配调试整个过程，学生在学习中不仅可以获得理论知识，而且可以学以致用，增加学习的满足感，激发学习兴趣。

全书在编写过程中受到了楚雄技师学院各级领导的关心和帮助，编写团队全体老师们利用课余时间做了大量的工作，在此表示衷心的感谢。

　　由于作者水平有限，书中疏漏和不妥之处在所难免，恳请读者批评指正。

编　者

2020 年 5 月

目　录

第一章　模拟电子电路部分

项目 1　直流稳压电源的制作与调试

◇教学目标◇

知识目标	技能目标
◆熟悉变压器的基本工作原理 ◆理解桥式整流电路的结构和工作原理 ◆理解滤波电路的工作原理 ◆理解三端稳压器的结构及工作原理	◆能用万用表对二极管、电容等元件进行检测 ◆能运用 Multisim14 仿真直流稳压电路 ◆能运用 DXP 软件进行电路图绘制和 PCB 设计 ◆能对直流稳压电路进行安装与测试

◇任务描述◇

当今社会，人们极大地享受着电子设备带来的便利，但是任何的电子设备都有一个共同的电路——电源电路。大到超级计算机、小到袖珍计算器，所有的电子设备都必须在电源电路的支持下才能正常工作。当然这些电源电路的样式、复杂程度千差万别。由于电子技术的特性，电子设备对电源电路的要求就是其能够提供持续稳定、满足负载要求的电能，而且通常情况下都要求其能够提供稳定的直流电能。提供这种稳定的直流电能的电源就是直流稳压电源。图 1-1 所示是一个直流稳压电源电路，通电后，可以通过调节电位器 R_{P1}、R_{P2} 进行调节输出电压的大小，以满足我们对电源的需求。

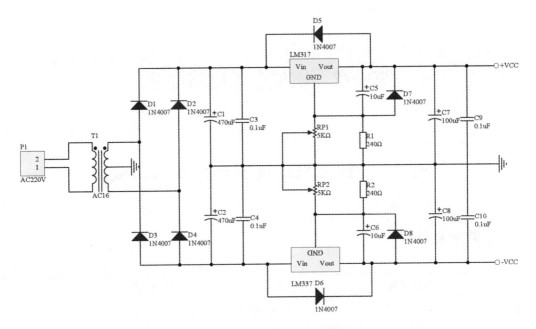

图 1-1　直流稳压电源电路图

◇**任务要求**◇

（1）利用 Multisim14 仿真软件，绘制直流稳压电源的仿真原理图。

（2）根据电路图设计单面 PCB，面积为 10 cm×10 cm，元器件布局合理，大面积接地。

（3）三端稳压器 LM317、LM337 安装高度一致，并配散热片进行安装，电位器安装在方便调节位置。

◇**相关知识**◇

一、单相变压器

变压器是利用电磁学的电磁感应原理，从一个电路向另一个电路传递电能的一种电器设备，它可将一种电压的交流电能变换为同频率的另一种电压的交流电能。电源变压器的作用是将电网 220 V 的交流电压变换成整流滤波电路所需要的交流电压。

变压器是将两组或两组以上的线圈绕制在同一个线圈骨架上或绕在同一铁芯上制成的。通常情况下，把变压器电源输入端的绕组称为初级绕组（又称一次绕组），其余的绕组为次级绕组（又称二次绕组），如图 1-2 所示。

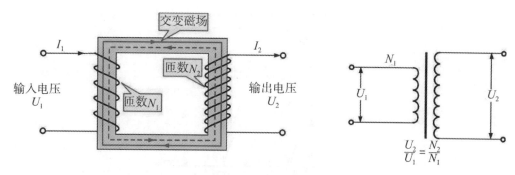

图 1-2　变压器的工作原理示意图

　　变压器的初级绕组和次级绕组相当于两个电感器，当交流电压加到初级绕组上时，在初级绕组上就形成了电动势，产生出交变的磁场；次级绕组受到初级绕组的作用，也产生与初级绕组磁场变化规律相同的感应电动势（电压），于是次级绕组输出交流电压，这就是变压器的变压过程。

　　变压器的输出电压和绕组的匝数有关，一般输出电压与输入电压之比等于次级绕组的匝 N_2 与初级绕组的匝 N_1 之比，即 $U_2/U_1=N_2/N_1$；变压器的输出电流与输出电压成反比（$I_2/I_1=U_1/U_2$）。通常，降压变压器输出的电压降低，但输出的电流会增大，具有输出强电流的能力。

二、桥式整流电路

　　桥式整流电路是利用二极管的单向导通性进行整流的最常用的电路，常用来将交流电转变为直流电。桥式整流电路如图 1-3 所示。

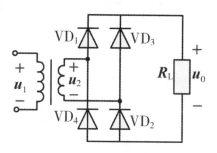

图 1-3　桥式整流电路

　　桥式整流电路的工作原理如下：U_2 为正半周时，对 VD_1、VD_2 加正向电压，VD_1、VD_2 导通；对 VD_3、VD_4 加反向电压，VD_3、VD_4 截止。电路中构成 U_2、VD_1、R_L、VD_2 通电回路，在 R_L 上形成上正下负的半波整流电压；U_2 为负半周时，对 VD_3、VD_4 加正向电压，VD_3、VD_4 导通；对 VD_1、VD_2 加反向电压，VD_1、VD_2 截止。电路中构成 U_2、VD_3、R_L、VD_4 通电回路，同样在 R_L 上形成上正下负的另外半波的整流电压。如此重复下去，结果在 R_L 上便得到全波整流电压，其波形如图 1-4 所示。

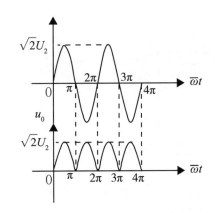

图 1-4　单相桥式整流电路输出波形

三、电容滤波电路

滤波电路的作用是尽可能地减小脉动的直流电压中的交流成分，保留其直流成分，使输出电压纹波系数降低，输出波形变得比较平滑。电容滤波电路利用电容的充、放电作用，使输出电压波形趋于平滑。滤波电容 C 可由纹波电压和稳压系数来确定，滤波电路的电路图如图 1-5 所示。

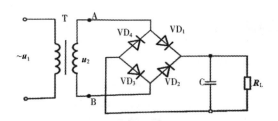

图 1-5　电容滤波电路

其输出电压波形如图 1-6 所示，将脉动的直流电压变为平滑的直流电压。

当 U_2 为正半周并且数值大于电容两端电压 U_C 时，二极管 VD_1 和 VD_3 导通，VD_2 和 VD_4 管截止，电流一路流经负载电阻 R_L，另一路对电容 C 充电。输出电压波形对应图 1-6（b）中的 oa 段。达到 t_1 时刻，电容器上 C 的电压 U_C 接近交流 U_2 的峰值。当 $U_C > U_2$，导致 VD_1 和 VD_3 反向偏置而截止，电容通过负载电阻 R_L 放电。若放电速度缓慢，则有一段放电时间（$t_2 \sim t_3$），U_C 按指数规律缓慢下降，该时段的输出电压波形对应图 1-6（b）中的 ab 段。

当 U_2 为负半周幅值变化到恰好大于 U_C 时，VD_2 和 VD_4 因加正向电压变为导通态，U_2 再次对 C 充电，有一段充电时间（$t_3 \sim t_4$），该时段的输出电压波形对应图 1-6（b）中的 bc 段。U_C 上升到 U_2 的峰值后又开始下降；下降到一定数值时，VD_2 和 VD_4 变为截止，C 对 R_L 放电，C 按指数规律下降；放电到一定数值时 VD_1 和 VD_3 变为导通，重复上述过程。

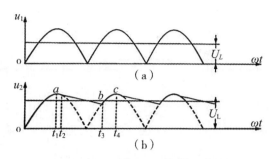

图 1-6　电容滤波电路输出波形

四、稳压电路

三端稳压器主要有两种，一种输出电压是固定的，称为固定输出三端稳压器；另一种输出电压是可调的，称为可调输出三端稳压器。这两种三端稳压器的基本原理相同，均采用串联型稳压电路。在线性集成稳压器中，由于三端稳压器只有三个引出端子，具有外接元件少、使用方便、性能稳定、价格低廉等优点，因而得到广泛应用。三端稳压常见封装如 1-7 所示。

LM317/LM337 是美国半导体公司生产的三端可调稳压集成电路。输出电压调节范围为 1.2~37 V，最大输出电流为 1.5 A。LM317 的外围电路很简单，只需加接可调电阻即可组成基本电路。LM317/LM337 内置有过载保护、安全区保护等多种保护电路。通常 LM317/LM337 不需要外接电容，除非输入滤波电容到 LM317/LM337 输入端的连线超过 6 英寸（约 15 cm）。使用输出电容能改变瞬态响应。调整端使用滤波电容能得到比标准三端稳压器高得多的纹波抑制比。图 1-8 为 LM317 引脚排列，图 1-9 为 LM337 引脚排列。

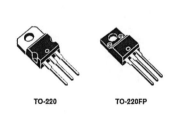

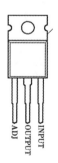

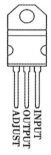

图 1-7　常见的封装形式　　图 1-8　LM317 引脚排列　　图 1-9　LM337 引脚排列

LM317／LM337 的典型应用电路如图 1-10 所示。

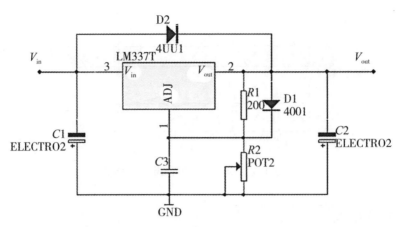

图 1-10 典型应用电路

◇软件仿真◇

一、原理图绘制

进入 Multisim14，从元件库中选择变压器、二极管、电容、电阻、三端稳压器 LM317、LM337 等，并置入对象选择器窗口，再放置到图形编辑窗口。在图形编辑窗口中画好原理图，如图 1-11 所示。

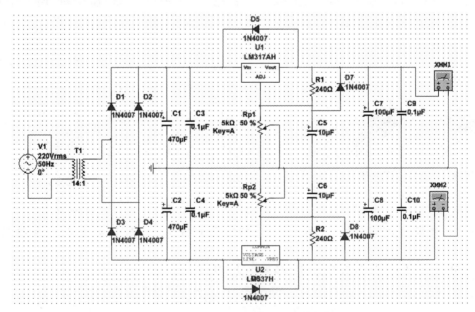

图 1-11 直流稳压电源电路仿真原理图

二、仿真调试

单击"虚拟仪表"按钮，在对象选择器中找到万用表，添加到原理图编辑区，按照图 1–11 所示直流稳压电源电路仿真原理图布置并连接好。按下"仿真"按钮，观察并记录万用表的数值。观察调节电位器 R_{p1} 和 R_{p1} 时万用表的数值。图 1–12、图 1–13 分别为电位器调节至 0 时的输出电压数值。图 1–14、图 1–15 分别为电位器调节至 50% 时的电压数值。图 1–16、图 1–17 分别为电位器调节至 100% 时的电压数值。

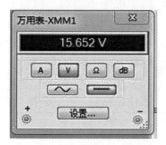

图 1–12　电位器 R_{p1} 调至 0 时的输出电压

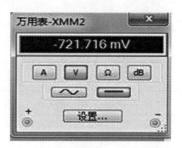

图 1–13　电位器 R_{p2} 调至 0 时的输出电压

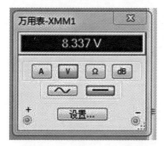

图 1–14　电位器 R_{p1} 调至 50% 时的输出电压

图 1–15　电位器 R_{p2} 调至 50% 时的输出电压

图 1–16　电位器 R_{p1} 调至 100% 时的输出电压

图 1–17　电位器 R_{p2} 调至 100% 时的输出电压

◇**任务实施**◇

一、电路的安装

（1）焊接。在万能板上对元器件进行布局，并依次焊接。焊接时，注意电解电容及三极管的极性。

（2）检查。检查焊点，看是否有虚焊、漏焊；检查电解电容及三极管的极性，查看是否连接正确。

（3）元件清单（表1-1）。

表 1-1　元件清单

序号	元件名称	规格	数量	序号	元件名称	规格	数量

二、电路的测试与调整

1. 工作原理

直流稳压电源由电源变压器、整流电路、滤波电路和稳压电路四部分组成，如图1-18所示，其整流与稳压过程的电压输出波形如图1-19所示。

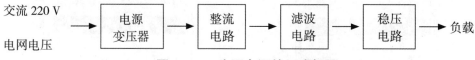

图 1-18　稳压电源的组成框图

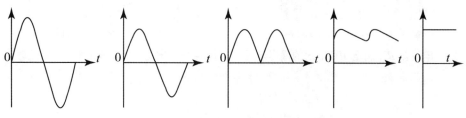

图 1-19　整流与稳压过程波形图

电网供电电压交流 220 V（有效值）50 Hz，要获得低压直流输出，首先必须采用电源变压器将电网电压降低，获得所需要交流电压。降压后的交流电压通过整流电路变成单向直流电，但其幅度变化大（即脉动大）。脉动大的直流电压须经过滤波电路使其变成平滑、脉动小的直流电，即将交流成份滤掉，保留其直流成分。滤波后的直流电压再通过稳压电路稳压，便可得到基本不受外界影响的稳定直流电压输出，供给负载 R_L。

2. 调试与排除故障

电路安装完毕，经检查无误后即可通电调试，按下表要求调试、测量数据并填表（表 1–2）。

表 1–2　直流稳压电源调试

测试项目	测试波形或输出电压
用示波器观察桥式整流电路输入端和输出端电压的波形	
用示波器观察稳压电路输入输出端电压的波形	
分别调节电位器 R_{p1} 和 R_{p2}，用万用表测量并观察其输出电压的变化情况	

3. 总结

本任务使你学习到了哪些知识？积累了哪些经验？填入表 1–3 中，有利于提升自己的技能水平。

表 1-3 工作总结

正确装调方法	
错误装调方法	
总结经验	

4. 工作岗位 6S 处理

工作任务全部完成后，关闭工作台总电源，拆下测量线和连接导线，归还借用工具仪器。组员对工作岗位进行"整理、整顿、清扫、清洁、安全、素养"处理。维护和保养测量仪器、仪表，确保其运行在最佳工作状态。

◇能力拓展◇

本直流稳压电路输出的正负电压范围为 –15~15 V，电路结构单一，若电路负载发生短路或者过载情况，电路缺乏相应的过载和过流保护，安全得不到保障。为了达到上述效果，小组成员发挥团队协助精神，查阅相关资料，设计总体方案，增加电路的安全性，讨论决策，制订计划实施。

◇任务评价◇

表 1-4 直流稳压电源装调评价表

班级：_____

小组：_____ 姓名：_____

指导教师：_____

日   期：_____

评价项目	评价标准	评价依据	评价方式			权重	得分小计
			学生自评 15%	小组互评 25%	教师评价 60%		
职业素养	1. 遵守规章制度与劳动纪律 2. 人身安全与设备安全 3. 积极主动完成工作任务 4. 完成任务的时间 5. 工作岗位 6S 处理	1. 劳动纪律 2. 工作态度 3. 团队协作精神				0.3	

续表

评价项目	评价标准	评价依据	评价方式			权重	得分小计
			学生自评 15%	小组互评 25%	教师评价 60%		
专业能力	1. 掌握 LM317/LM337 的功能和使用方法 2. 能熟练制作 PCB 板，元器件装配达标 3. 能够使用仪器调试电路和快速排除故障 4. 测量数据精度高	1. 工作原理分析 2. 安装工艺 3. 调试方法和步骤 4. 测量数据准确性				0.5	
创新能力	1. 电路调试时能提出自己独到的见解或解决方案 2. 能利用三端稳压器制作各种功能电路 3. 团队能够完成过流、过压保护	1. 调试、分析方案 2. 电子元器件的灵活使用 3. 团队任务完成情况				0.2	
综合评价	总分						
	教师点评						

项目 2 耳机放大器的制作与调试

◇ **教学目标** ◇

知识目标	技能目标
◆掌握三极管的结构、电路符号、类型及其性能指标 ◆掌握基本放大电路的工作原理、主要特性和基本分析方法，能计算基本放大电路的静态参数和动态参数 ◆掌握反馈的概念，反馈类型的判断方法，不同类型负反馈对放大电路性能的影响以及深度负反馈放大电路的估算方法	◆能识别普通三极管，并会用万用表检测三极管的极性及好坏 ◆能查阅资料，对三极管等元件进行合理选取 ◆能对放大电路进行安装，调试及故障处理 ◆能使用示波器观测放大电路的波形

◇ **任务描述** ◇

自然界中的物理量大部分是模拟量，如温度、压力、长度、图像及声音等，它们都需要利用传感器转化成电信号，而转化后的电信号一般都很微弱，不足以驱动负载工作，因此信号放大电路是电路系统中最基本的电路，应用十分广泛。

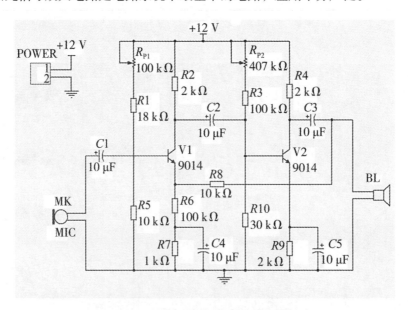

图 2-1 耳机放大器电路原理图

耳机放大器能把微弱的声音信号放大到能驱动耳机发声，其内部是一个由两个三极管组成的放大电路，可把微弱的声音信号进行电流和电压放大。电路图如图 2-1 所示，采用阻容耦合方式、分压式偏置，静态工作点可调。

◇任务要求◇

（1）遵守安全操作规则，注意人身安全。

（2）根据电路图采，用手工法制作电路板，元器件布局合理，走线正确。

（3）按电子工艺标准或要求，完成元器件成形加工、插装和焊接。

（4）使用函数信号发生器、示波器调试电路，做好波形、数据记录。

◇相关知识◇

一、认识电阻器

（1）常见的电阻器如图 2-2 和 2-3 所示。

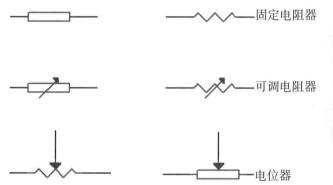

固定电阻器

可调电阻器

电位器

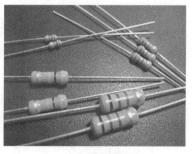

碳膜电阻器

图 2-2　常见电阻器

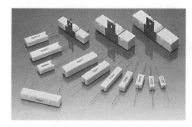

图 2-3　常见电阻器

（2）电阻器主要参数。

电阻器主要参数有标称阻值、允许误差和额定功率如图 2-4 所示。标称阻值是指在电阻器表面所标的阻值，标称阻值一般有 E24、E12、E6 三个系列。允许误差指实际电阻值与标称电阻值的允许误差范围，四色环电阻器误差一般较大，五色环电阻器为高精密度电阻器，误差较小。额定功率是指电阻器在电路正常工作时所承受的功率，超额定功率使用电阻器会导致其因温度过高而被烧坏，还会引起其他安全隐患故障。

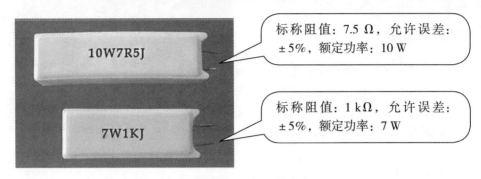

图 2-4　电阻器参数

电阻单位：$1\,M\Omega = 1000\,k\Omega = 1000000\,\Omega$。

（3）电阻器内部构造如图 2-5 所示。

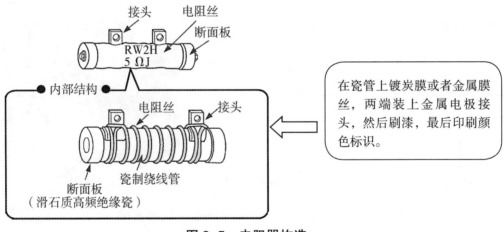

图 2-5　电阻器构造

（4）色环电阻器读数。

电阻器的阻值和误差表示方法有多种，常见的如图 2-6 所示。

数码法用三位阿拉伯数字表示阻值，前两位数字表示阻值的有效数，第三位数字表示有效数值后面零的个数，阻值小于 $10\,\Omega$，以 X R X 表示（X 表示数字），将 R 看作小数点。

直标法（也称文字符号法）是用阿拉伯数字或文字符号两者有规律地组合起来表示阻值和允许误差，在一些大功率电阻器上常常采用此方法表示。

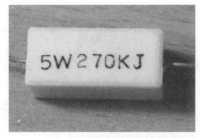

（a）数码法标称　　　　　（b）直标法标称　　　　　（c）色标法标称

图 2-6　电阻器阻值标称形式

　　色标法是使用最多的一种方法，色标电阻器可分为三色环、四色环和五色环三种。三色环电阻器只用三种颜色表示标称值，误差均为 ±20%，在电子产品中很少使用。四色环电阻器用两个色环表示有效数值，一个色环表示倍率，一个色环表示允许误差。五色环电阻器用三个色环表示有效值，一个色环表示倍率，一个色环表示允许误差。表 2-1 为电阻器色环表。

表 2-1　电阻器色环表

颜色	第一环	第二环	第三环	第四环	第五环
	第一位数	第二位数	第三位数	倍率	允许误差
银	—	—	—	10^{-1}	K ±10%
金	—	—	—	10^{-2}	J ±5%
黑	0	0	0	10^{0}	K ±10%
棕	1	1	1	10^{1}	F ±1%
红	2	2	2	10^{2}	G ±2%
橙	3	3	3	10^{3}	—
黄	4	4	4	10^{4}	—
绿	5	5	5	10^{5}	D ±0.5%
蓝	6	6	6	10^{6}	C ±0.25%
紫	7	7	7	10^{7}	B ±0.1%
灰	8	8	8	10^{8}	—
白	9	9	9	10^{9}	+5%　−20%

　　四色环电阻器（图 2-7）读法：

　　第一、二色环是橙色，有效值为 5，第三色环是红色，倍率为 10^{2}，第四色环是金色，误差为 ±5%，阻值是 3.3 kΩ。

图 2-7　四色环电阻器

图 2-8　五色环电阻器

五环电阻器（图 2-8）读法：

第一环是棕色，有效值为 1，第二环是橙色，有效值为 3，第三色环是黑色，有效值为 0，第四色环是绿色，倍率为 10^5，第五色环是棕色，误差为 ±1%，阻值是 13 MΩ。

注意：一般四色环电阻器误差环多为银色（±10%）或者金色（±5%），五色环电阻器误差环多为棕色（±1%）、绿色（±0.5%）及蓝色（±0.25%）。

◇**思考**◇

1. 有些电阻器体积很大，但标称阻值却很小，这样正常吗？

2. 任何电阻器在工作时都会发热，这种说法对吗？为什么一些工作中的电阻器手摸时却感觉不到热？

二、认识电容器

电容器通常简称为电容，用字母 C 表示，是一种容纳电荷的器件。任何两个彼此绝缘且相隔很近的导体（包括导线）间都可以构成一个电容器。电容是电子设备中大量使用的电子元件之一，主要起隔直流、耦合、旁路、滤波等作用。图 2-9 所示为电容器符号及外形。

（a）涤纶电容器原理图符号　　（b）电解电容器　　（c）涤纶电容器

图 2-9　电容器符号及外形

电容器种类较多，按结构可分为固定电容器、可变电容器和微调电容器。按电解质可分为有机介质电容器、无机介质电容器、电解电容器和空气介质电容器等。按制造材料可分为：瓷介电容、涤纶电容、电解电容、钽电容、云母电容、聚丙烯电容等。按用途可分为高频旁路电容、低频旁路电容、滤波电容、调谐电容、高频耦合电容、低频耦合电容、小型电容器。图2-10所示为常见的电容器。

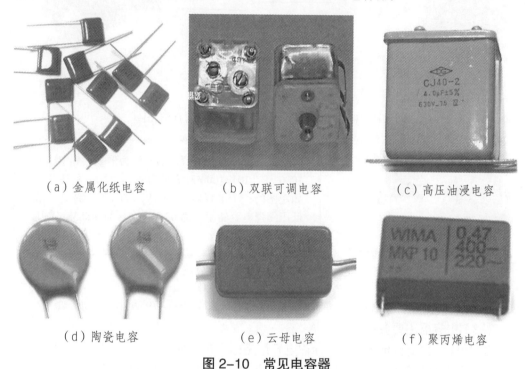

（a）金属化纸电容　　　　（b）双联可调电容　　　　（c）高压油浸电容

（d）陶瓷电容　　　　（e）云母电容　　　　（f）聚丙烯电容

图2-10　常见电容器

（1）电容器的充电和放电。

电容器带电（储存电荷）的过程称为充电。充电时，两个极板一个极板带正电，另一个极板带等量的负电。让电容器一个极板接电源正极，另一个极板接电源负极，两极板就分别带上等量的异性电荷。充电后电容器两极板间形成电场，实际是把从电源获得的电能储存在电容器中。

充电后的电容器失去电荷（释放电荷）的过程称为放电。若用一根导线把电容器两极接通，两极的电荷相互中和，释放出电荷，这时两极板间电场消失，电能转化为其他形式的能量。

（2）电容器读数。

容量表示方法有直标法、色标法和数学计数法，广泛使用的是直标法和数学计数法。

容量单位：$1\ F = 10^3\ mF = 10^6\ \mu F = 10^9\ nF = 10^{12}\ pF$

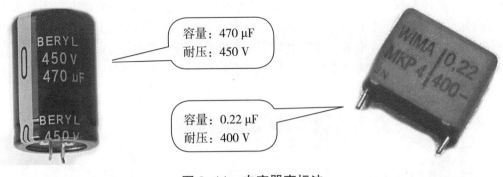

容量：470 μF
耐压：450 V

容量：0.22 μF
耐压：400 V

图 2-11　电容器直标法

提示：有些电容量用"R"表示小数点，如 R56 表示 0.56 μF。

第一、二位为有效数值，第三位为倍率。如 102 ＝ 1000 pF，101＝100 pF，有些电容器表面有耐压值，如左图的一个电容器为 15 kV，如没有标注，一般低压陶瓷电容器耐压为 63 V，中压为 400 V，高压一般都超过 1 kV。

图 2-12　电容器数学计数法

提示：如第三位数为 9，表示 10^{-1}，而不是 10^9，例如：479 表示 4.7 pF。

（3）电容器主要参数。

① 标称电容量和允许偏差：标称电容量是标志在电容器上的电容量，电容器实际电容量与标称电容量的偏差称为误差，在允许的偏差范围称为精度。

② 额定电压：最低环境温度和额定环境温度下，可连续加在电容器的最高直流电压的有效值，一般直接标注在电容器外壳上。工作电压超过电容器的额定电压时，电容器会被击穿损坏。

三、认识三极管

1. 三极管的结构和符号

三极管又称为晶体三极管或晶体管，符号及组成如图 2-13、图 2-14 所示。在半导体锗或硅的单晶上制造两个能相互影响的 PN 结，组成一个 PNP（或 NPN）结构。中间的 N 区（或 P 区）叫基区，两边的区域叫发射区和集电区，每个区引出一条电极，分别叫基极 B、发射极 E 和集电极 C，主要作用有放大、振荡、限幅或开关等。

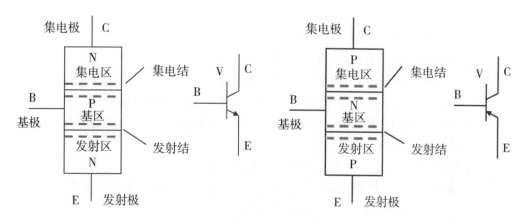

图 2-13 NPN 型三极管的结构和符号　　图 2-14 PNP 型三极管的结构和符号

常见三极管的外形和封装如图 2-15 所示。

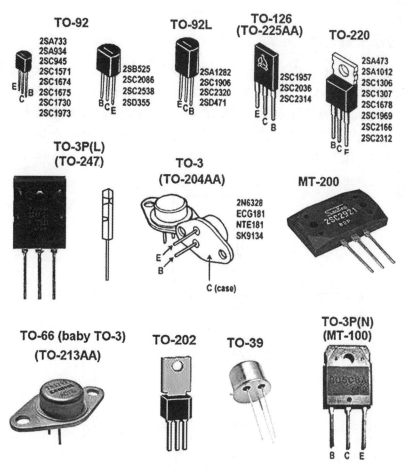

图 2-15 常见三极管的外形和封装

2. 三级管分类

（1）按极性划分：NPN 型三极管和 PNP 型三极管；

（2）按材料划分：硅材料三极管和锗材料三极管；

（3）按工作频率划分：低频三极管和高频三极管；

（4）按功率划分：小功率三极管、中功率三极管和大功率三极管；

（5）按用途划分：放大管、检波管、限幅管和开关管。

3. 三极管在电路中的工作状态

三极管有三种工作状态：截止状态、放大状态和饱和状态。

（1）截止状态：当发射结和集电结都反偏时，三极管工作电流为零或很小，$I_B = 0$，I_C 和 I_E 亦为零或很小，三极管处于截止状态。

（2）放大状态：此状态下发射结正偏，集电结反偏，$I_C = \beta I_B$，其中 β 为放大倍数，当 β 保持不变时，I_C 的大小受控于 I_B，$I_E = I_B + I_C$。

（3）饱和状态：此状态下，发射结和集电结都正偏，当基极电流增大时，集电极电流不再增大，I_C 不受 I_B 控制。

四、分压式偏置放大电路

三极管的一个重要作用就是放大，分压式偏置电路是典型的一种放大电路，它静态工作点稳定，能实现电流和电压放大。图 2-16 是电阻分压式偏置放大器电路，基极偏置采用 R_{B1} 和 R_{B2} 组成分压电路，在发射极中接入电阻 R_E，能稳定放大器的静态工作点。当放大器输入端加入 U_i 信号后，在放大器的输出端可得到一个与 U_i 相位相反、幅值被放大的输出信号 U_0，从而实现电压放大。

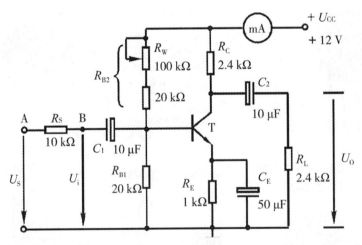

图 2-16　电阻分压式偏置放大器电路

1. 静态工作点计算

静态工作点是指输入信号为零时 I_B、I_C、U_{BE} 的数值，当流过偏置电阻 R_{B1} 和 R_{B2} 的电流远大于晶体管 T 的基极电流 I_B 时（一般为 5~10 倍），静态工作点可用下面公式估算：

$$U_B \approx \frac{R_{B1}}{R_{B1}+R_{B2}}\ U_{CC} \tag{2-1}$$

$$I_E \approx \frac{U_B-U_{BE}}{R_E} \approx (1+\beta)\ I_B \tag{2-2}$$

$$U_{CE} \approx U_{CC}-I_C\ (R_C+R_E) \tag{2-3}$$

2．动态工作点计算

$$A_V \approx -\beta\ \frac{R_c\ /\!/\ R_L}{r_{be}} \tag{2-4}$$

$$R_i \approx R_{BE}\ /\!/\ R_{B2}\ /\!/\ r_{be} \tag{2-5}$$

$$R_0 \approx R_C \tag{2-6}$$

式中：A_V 为电压放大倍数；r_{be} 为内阴。

3．静态工作点调试

静态工作点是否合适，对放大器性能和输出波形有很大影响。如工作点偏高，放大器在加入交流信号后易产生饱和失真，此时 U_0 的负半周波形将被削底，如图 2-17（a）所示。如工作点偏低则易产生截止失真，即 U_0 正半周会被缩顶（一般截止失真不如饱和失真明显），如图 2-17（b）所示。这些情况都不符合高保真放大的要求。在选定工作点以后，还必须进行动态调试，即在放大器的输入端加入一定的输入电压 U_i，检查输出电压 U_0 的大小和波形是否满足要求。如不满足，则应调试静态工作点的位置。

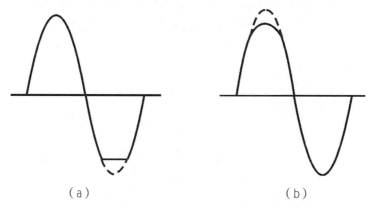

（a）　　　　　　　　　　　　（b）

图 2-17　静态工作点对 U_0 波形失真的影响

改变电路参数 U_{CC}、R_C、R_B（R_{B1}、R_{B2}）均会引起静态工作点的变化，如图 2-18

所示。通常采用调节偏置电阻 R_{B2} 的方法来改变静态工作点，即减小 R_{B2} 阻值，可提高静态工作点。

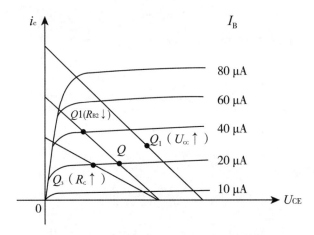

图 2-18　电路参数对静态工作点的影响

静态工作点偏高或偏低是相对信号的幅度而言，如输入信号幅度较小，即使工作点较高或较低也不一定会出现波形失真。产生波形失真是信号幅度与静态工作点设置配合不当所致，如需满足较大信号幅度的要求，静态工作点最好尽量靠近交流负载线中点。

4．电压放大倍数 A_V 测量

调整放大器到合适的静态工作点，然后加入输入电压 U_i，在输出电压 U_0 不失真的情况下，用交流毫伏表测出 U_i 和 U_0 的有效值 U_i 和 U_0，则

$$A_V = \frac{U_0}{U_i} \qquad (2-7)$$

5．输入电阻 R_i 和输出电阻 R_0 的测量

测量放大器输入电阻，按图 2-19 电路在被测放大器输入端与信号源之间串入已知电阻 R，在放大器正常工作情况下，用交流毫伏表测出 U_S 和 U_i，输入电阻 R_i 计算如下：

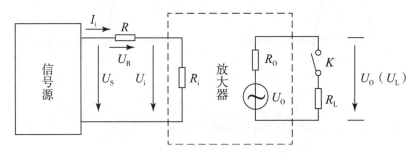

图 2-19　输入、输出电阻测量电路

$$R_i = \frac{U_i}{I_i} = \frac{U_i}{\dfrac{U_R}{R}} = \frac{U_i}{U_s - U_i} R \qquad\qquad 2\text{-}8$$

在放大器正常工作条件下，保持 R_L 接入前后的输入信号大小不变，测量输出端不接负载 R_L 的输出电压 U_0 和接入负载后的输出电压 U_L，根据以下公式可计算输出电阻 R_0：

$$U_L = \frac{R_L}{R_0 + R_L} U_0 \qquad\qquad （2\text{-}9）$$

$$R_0 = \left(\frac{U_0}{U_L} - 1 \right) R_L \qquad\qquad （2\text{-}10）$$

6. 最大不失真输出电压 U_{OPP} 测量（最大动态范围）

最大动态范围时，静态工作点应在交流负载线的中点，调试时逐步增大输入信号的幅度，同时调节 R_W 改变静态工作点，用示波器观察 U_0，当输出波形同时出现削底和缩顶现象（图 2-20）时，说明静态工作点已调在交流负载线的中点。反复调整输入信号，使波形输出幅度最大，且无明显失真时，用交流毫伏表测出 U_0（有效值），则动态范围等于 $2\sqrt{2}U_0$，或用示波器直接读出 U_{OPP} 波形。

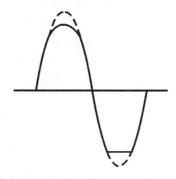

图 2-20　静态工作点正常，输入信号太大引起的失真

7. 放大器幅频特性测量

幅频特性是指放大器电压放大倍数 A_U 与输入信号频率 f 之间的关系曲线，实际是测量不同频率信号时的电压放大倍数 A_U。单管阻容耦合放大电路的幅频特性曲线如图 2-21 所示，A_{um} 为中频电压放大倍数，通常规定电压放大倍数随频率变化下降到中频放大倍数的 $1/\sqrt{2}$ 倍，即 $0.707A_{um}$ 所对应的频率分别称为下限频率 f_L 和上限频率 f_H，则通频带 $f_{BW} = f_H - f_L$。

每改变一个信号频率，测量其相应的电压放大倍数，测量时应注意取点要恰当，在低频段与高频段应多测几点，在中频段可以少测几点。此外，改变频率时，要保持输入信号的幅度不变，且输出波形不得失真。

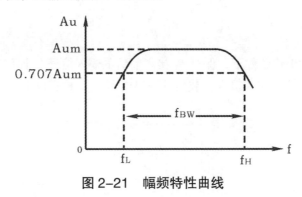

图 2-21　幅频特性曲线

五、三极管的识别与检测

1．三极管各引脚的识别

三极管的引脚排列方式很多，因其外壳封装形式的不同而不同。几种常见的三极管封装和管脚如表 2-2 所示。

表 2-2　几种常见的三极管封装和管脚

外形示意图	封装名称	说明
	S—1A S—1B	它们都有半圆形的底面，识别时将引脚朝上，切口朝自己，从左向右依次为 e、b 和 c
	C 型 D 型	只有三根引脚（C 型有一个定位销，D 型无定位销），三根引脚呈等腰三角形分布，e、c 脚为底边
	S—6A S—6B S—7 S—8	它们都有散热片，识别时，将印有型号的一面朝向自己，县将引脚朝下，从左向右依次为 b、c 和 e

续表

外形示意图	封装名称	说明
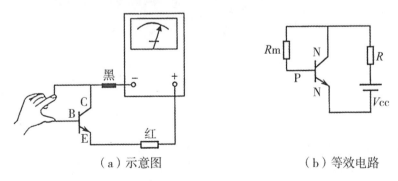	F 型	只有两根引脚，识别时管脚朝上，且引脚靠近上安装孔，左边的一根是 b 极，右边的一根是 e 极，外壳为 c 极

利用万用表判别三极管的管型、极性、好坏或 β 值时一般选用 R×100 挡或 R×1k 挡，测量大功率管时可选用 R×10 挡。

（1）判断 B 极和管类型。

假设三极管某一引脚为 B 极，任一表笔接在假设 B 极上，另一表笔先后接在另外两个引脚上，若两次测得的电阻值都较小，调换表笔后再次测得两次的阻值都很大，则假设 B 极正确。如果两次测得的阻值一大一小，则原假设 B 极错误，需重新假设另一电极为 B 极。重复上述测量过程，直到找到 B 极。若黑表笔接的是 B 极，则该管是 NPN 型管；若红表笔接的是 B 极，则该管是 PNP 型管。

（2）判断 C 极和 E 极。

以 NPN 型管为例，测量示意图和等效电路如图 2-22 所示。第一次把黑表笔接在假设集电极 C，红表笔接到假设发射极 E，这时用手捏住 B 极和 C 极（不能让 B、C 直接接触），通过人体相当在 B 极、C 极之间接入一个偏置电阻（人体电阻），如图 2-22（a）所示，读出万用表所示的阻值并记录。再将两表笔调换进行第二次测量，若第一次测得的阻值比第二次阻值小，说明原假设成立，因为 C、E 极间阻值小说明通过万用表的电流大，正向偏置状态。其等效电路如图 2-22（b）所示，图中 V_{CC} 是表内电阻挡提供的电池，R 为表的内阻，R_m 为人体电阻。

（a）示意图　　　　　　　　　　（b）等效电路

图 2-22　三极管测量示意图

（3）判断好坏。

根据 PN 结单向导通原理可知，无论是 NPN 型或 PNP 型三极管，正常测量时 B 极与 C 极或 E 极之间只能单向导通，测量时若发现正向和反向电阻均为零或很大，表明该管已损坏。C 极与 E 极之间的阻值应很大，测量时若阻值为零或很小则表明该管已损坏。

（4）数字万用表判断三极管。

数字万用表二极管测量挡位也能检测三极管的好坏及类型，但要注意数字表与指针式表不同，数字万用表红表笔为内部电池正端，黑表笔为电池负端。例如，当把红表笔接在假设基极上，把黑表笔先后接到其余两个极上，如果万用表显示导通（硅管正向压降为 0.6 V 左右），则假设基极正确，红表笔所接为基极，另外两引脚分别为集电极和发射极，为 NPN 型管。PNP 管的判别同上，只需把红表笔与黑表笔交换即可。数字万用表一般带三极管放大倍数检测挡位（hFE），使用时先确认三极管类型，然后将被测管子 B 极、C 极、E 极正确插入数字万用表面板相对应的插孔中，屏幕显示出 hFE 的近似值。

六、函数信号发生器和示波器各功能键介绍

1. 函数信号发生器

MFG-8215A 函数信号发生器可输出频率稳定、可调的正弦波、三角波、方波和斜波信号，常用于教学及电路检测、维修等中作为信号源。

函数信号发生器面板如图 2-23 所示。

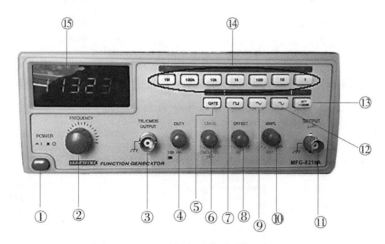

图 2-23　函数信号发生器面板

① Power Switch：电源开关，按下接通电源。

② FREQUENCY：按下此旋钮，顺时针旋转可增加输出信号的频率，逆时针转可减小输出信号的频率。拉起旋钮，开始自动扫描功能，最高扫描频率由旋钮的旋转位置决定。

③ TTL/COMS OUTPUT：TTL/COMS 兼容的信号输出端。

④ DUTY：拉起此旋钮并旋转，可以调整输出波形的工作周期。

⑤ GATE：在使用外部计数时，按此键来改变 Gate Time。

⑥ CMOS：按下此旋钮并旋转，接头③可输出 TTL 兼容的波形；拉起并旋转旋钮，可从接头③调整 5~15 Vpp 的 COMS 输出。

⑦、⑨、⑫：按下此三个键之一，可以选择适当的波形输出。

⑧ OFFSET：拉起此旋钮时，可在 ±10V 之间选择任何直流挡位加于信号输出。顺时针旋转，可设定正直流挡位，逆时针旋转，可设定负直流挡位。

⑩ AMPL：顺时针旋转时增加输出电压，逆时针旋转时可以减小输出电压。拉起旋钮，可观察到衰减 20 dB 的输出信号。

⑪ OUTPUT：主要信号波形输出端。

⑬ ATT–20dB：按下此按键，可获得 –20 dB 的信号输出。

⑭ 在面板中选择所需的频率范围键如下：

按　键	1	10	100	1 k	10 k	100 k	1 M
频率范围	0.5~ 5 Hz	5~ 50 Hz	50~ 500 Hz	500~ 5 kHz	5~ 50 kHz	50~ 500 kHz	50~ 500 kHz

⑮ CH1、CH2：输出信号频率显示。

2．双踪示波器

双踪示波器能在同一屏幕上显示两个被测波形。通常，双踪示波器用电子开关控制两个被测信号，不断交替地送入普通示波管中进行轮流显示，只要轮换的速度足够快，屏幕上就会同时显示出两个波形的图像。

双踪示波器面板如图 2-24 所示。

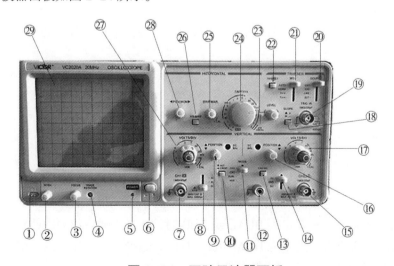

图 2-24　双踪示波器面板

① CAL2Vp-p：提供幅度为 $2V$p-p，频率为 1 kHz 的方波信号，用于校正 10:1 探头的补偿电容和检测示波器垂直与水平的偏转因数。

② INTEN：亮度旋钮，调节轨迹或亮点的亮度。

③ FOCUS：聚焦旋钮，调节轨迹或亮点的聚焦（粗细）。

④ TRACEROTATION：轨迹旋转，用来调整水平轨迹与刻度的平行。

⑤电源指示灯：接通主电源后，此二极管发亮。

⑥ POWER：主电源开关，按下接通示波器电源。

⑦ CH1（X）：在 X-Y 模式下，作为 X 轴输入，即选择为 1 通道输入。

⑧ AC-GND-DC：选择 1 通道⑧或 2 通道⑭垂直输入信号的输入方式（也叫耦合方式）

AC：交流耦合，此时输入信号中只有交流成分，无直流。

GND：垂直放大器输入接地，输入端断开。

DC：直流耦合，此时输入信号中包括直流成分。

⑨垂直位移：改变 1 通道⑨或 2 通道⑯光迹在屏幕上的垂直位置。

⑩ ALT/CHOP：在双踪显示时，放开此键，通道 1 和通道 2 交替显示（通常在扫描速度较快的情况下）；当按下此键时，通道 1 和通道 2 同时断续显示（通常在扫描速度较慢的情况下）。

⑪ MODE：垂直方式（输入方式）。

CH1：选择 1 通道单独显示（1 通道输入）。

CH2：选择 2 通道单独显示（2 通道输入）。

DUAL：选择 1、2 通道同时显示。

ADD：显示两个通道信号的代数和（CH1+CH2）。按下 CH2INV ⑬，为两个通道信号的代数差（CH1-CH2）。

⑫ GND：示波器机箱接地端子。

⑬ CH2INV：通道 2 信号反向。按下此键时，通道 2 的信号用通道 2 的触发信号，同时反向。

⑮ CH1（Y）：在 X-Y 模式下，作为 Y 轴输入，即选择 2 通道为输入。

⑰ VOLTS/DIV：2 通道垂直衰减开关（电压衰减），调节垂直偏转灵敏度，即垂直方向每格（DIV）所显示的电压值（外层为粗调，内层为微调）。

⑱ SLOPE：触发信号的极性选择。"+"为上升沿触发，"-"为下降沿触发。

⑲外触发输入端子：用于外部触发信号。当使用该功能时，开关⑳应置于 EXT 位置上。

⑳ SOURCE：触发源选择。

CH1：当垂直方式设定为 DUAL 或 ADD 时，选择 1 通道作为内部触发信号源。

CH2：当垂直方式设定为 DUAL 或 ADD 时，选择 2 通道作为内部触发信号源。

LINE：选择交流电源作为触发信号。

EXT：外部触发信号接于⑲作为触发信号源。

㉑ MODE：触发方式。

AUTO：自动，当没有触发信号时，扫描处于自由模式。

NORM：常态，当没有触发信号（或信号不同步）时，踪迹处于待命状态不显示。

TV-V：电视场，观察一场的电视信号时使用。

TV-H：电视行，观察一行的电视信号时使用。

注意：仅当同步信号为负脉冲时，方可同步电视场和电视行。

㉒ TRIG.ALT：当垂直方式开关设定为 DUAL 或 ADD 状态，而且触发源选在通道 1 或通道 2 上时，按下此按钮，它会交替选择通道 1 或通道 2 作为内触发信号源。

㉓ LEVEL：触发电平，显示一个同步稳定的波形，并设定一个波形的起始点（即调整波形的稳定度）。向"+"旋转触发电平向上移，向"-"旋转触发电平向下移。

㉔ TIME/DIV：扫描速度，即水平方向每格（DIV）所显示的时间值。

㉕ SWP.VAR：扫描速度微调。

㉖ ×10MAG：扫描扩展开关，按下时扫描速度扩展 10 倍。

㉗ VOLTS/DIV：1 通道垂直衰减开关（电压衰减），调节垂直偏转灵敏度，即垂直方向每格（DIV）所显示的电压值（外层为粗调，内层为微调）。

㉘ 水平位移：改变光迹在屏幕上的水平位置。

㉙ 示波器荧光屏。

3. 函数信号发生器和示波器的使用

（1）连接函数信号发生器和示波器的电源线，接通电源。

（2）将示波器亮度、聚焦旋钮调至中间位置。

（3）选择触发方式为 AUTO（自动）。

（4）选择垂直方式（输入方式）为 CH1 或 CH2（通道 1 或通道 2 单独显示）。

（5）选择触发源为 CH1 或 CH2（要与输入方式相对应，输入方式为 CH1 时，触发源应选择 CH1，输入方式为 CH2 时，触发源也应选择 CH2）。

（6）选择垂直轴输入信号的输入方式（耦合方式）为 GND（输入接地）。

（7）调节上下（垂直）位移（1 通道或 2 通道的）、左右（水平）位移、扫描速度（TIME/DIV）旋钮，使示波器荧光屏中央出现一条水平亮线（扫描线）。

注意：为保护示波器及方便调节波形，在输入被测信号前，最好先调出扫描线（亮度、聚焦），然后再输入被测信号。

（8）将信号线分别接到函数信号发生器的主输出端和示波器的输入端（CH1 或 CH2），选择函数信号发生器的频率和波形（输出正弦波信号），将信号接入示波器。

（9）将垂直输入方式（耦合方式）开关置于 AC（交流耦合）或 DC（直流耦合）。

（10）调节垂直衰减（电压衰减）VOLTS/DIV 粗调，使荧光屏上显示的波形高度合适（显示的波形尽量高，但不能超出荧光屏的标度尺）。

调节信号高度时，若波形高度太矮，则减小 VOLTS/DIV 旋钮的分度值（顺时针调节）；若波形高度太高（波形超出荧光屏或看不清），则增大 VOLTS/DIV 旋钮的分度值（逆时针调节）。

（11）调节触发电平旋钮 LEVEL，使波形稳定。

（12）调节扫描速度（扫描范围），TIME/DIV 粗调，使荧光屏上显示的波形宽度合适（显示的波形不少于 1.5 个周期，但不要超过 3 个周期）。

调节信号周期时，若出现波形周期个数较多（密度大），则减小 VOLTS/DIV 旋钮的分度值（顺时针调节）；若出现波形周期个数较少（小于 1.5 个周期，或只能看到波形一个周期的一部分）时，则增大 TIME/DIV 旋钮的分度值（逆时针调节）。

注意：在调节触发电平和扫描速度时，可根据荧光屏上所显示的波形情况，两者交替调节，使波形稳定、合适。

◇软件仿真◇

一、原理图绘制

进入 Multisim13.0，根据原理图从元件库中选择相应元件，并置入对象选择器窗口，再放置到图形编辑窗口。在图形编辑窗口中按照图 2-1 画好仿真原理图，如图 2-25 所示。

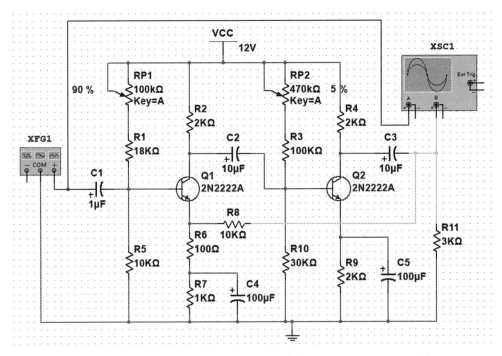

2-25　耳机放大电路仿真原理图

二、仿真调试

单击"虚拟仪表"按钮，在对象选择器中找到双踪示波器和函数信号发生器，添加到原理图编辑区，按照图 2-26 所示耳机放大电路仿真原理图布置并连接好。按下"仿真"按钮，对电路进行调试。

1. 静态测试

调节电位器，同时用万用表测量 U_{CE} 的值，当 U_{CE} 的值大约等于 2.8 V 时，可以认为静态工作点基本调整好，该电路已具有电压放大功能。如果这时更换 β 不等于 60 的三极管，其 U_{CE} 仍然为 2.8 µA。由此可见，U_{CE} 不随 β 值的变化而改变。

2. 动态测试。

由于放大电路的静态工作点是由偏置电路元件参数决定的，静态工作点未必是最佳状态。要使放大电路工作在最佳状态。必须通过信号发生器、稳压电源、示波器进行动态测试，电路测试步骤如下：

（1）将直流稳压电源调到 12 V，信号发生器的输出频率调至 1 kHz，峰值电压调至 20 mV 的正弦电压。调整示波器就可以观察到放大之后的输出波形。

（2）缓慢增加信号发生器的输出幅度，在示波器观察到的波形幅度也成比例的增加。当信号发生器的输出幅度增加到一定程度时，示波器观察到的波形出现上半部分削平或下半部分削平现象。上半部分削平造成的失真称为截止失真，下半部分削平造成的失真称为饱和失真。这是由于工作点不在交流负载线的中点所致，如图 2-26 所示。

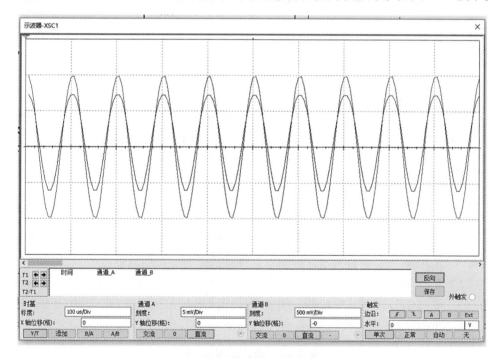

图 2-26　耳机放大电路输入输出波形图

（3）缓慢地左右调节电位器，以消除失真，之后再重复上述步骤（2）。当信号发生器的输出幅度缓慢增加时，在示波器观察到的输出波形出现同时上下削顶失真，这时电路调整到最佳状态。此时信号发生器输出的幅度与达到该放大器所能接受的最大输入幅度。

采用万用表可以调整放大器的静态工作点，这种方法可调整电路具有放大作用，但未必最佳。采用电子仪器并进行正确的调试，可使放大电路调试到最佳状态，电路的动态范围最大。

◇**任务实施**◇

一、电路的安装

（1）焊接。在万能板上对元器件进行布局，并依次焊接。焊接时，注意电解电容及三极管的极性。

（2）检查。检查焊点，查是否有虚焊、漏焊；检查电解电容及三极管的极性，看是否连接正确。

（3）元件清单（表2-3）。

表 2-3　元件清单

序号	元件名称	规格	数量	序号	元件名称	规格	数量

二、电路的测试与调整

（1）通电观察。接通直流电源后，观察电路有无异常现象，如元器件是否发烫，电路有无短路现象等。如有异常立即断电，排除故障后再重新通电。

（2）静态工作点的测量与分析。接通直流电源，用低频信号发生器在电路输入 1 kHz 的正弦波信号，调节电位器，使电路输出波形最大且不失真。用万用表分别测量三极管 V1 和 V2 三个电极的电位，将测量结果记录在表2-4 中。

表 2-4　静态测试参数

测量项	U_{B1}	U_{C1}	U_{E1}	U_{B2}	U_{C2}	U_{E2}
测量值（mV）						
数据记录（mV）						

（3）动态参数测量与分析。在电路的输入端接入幅度为 3 mV、频率为 1 kHz 的正弦波信号，调节电位器，用示波器观察输出电压 U_0 的波形如何变化，并指出电位器的作用。

输入波形	周期（S）	幅度（mV）
	量程（S/DIV）	量程（mV/DIV）

输出波形	周期（S）	幅度（V）
	量程（S/DIV）	量程（V/DIV）

（4）整机调试。输入端接入麦克风，这里麦克风可以用手机代替，并播放音乐。输出端接扬声器，听被测声音是否被放大。调节电位器，听被测声音大小是否被调节。

三、电路故障分析与排除

（1）静态工作点不正常。静态工作点不正常一般与电路供电电源、基极和发射极偏置电阻、集电极负电随及三极管本身有关。应重点检查电源是否引入，各电阻连接是否良好，阻值是否正确，三板管引脚顺序是否焊接正确，三极管性能是否良好等。

静态工作点是否正常的检测方法：在仔细检查、核对电路的元器件参数、电解电容的极性、三极管的引脚顺序并确认无误后，可采用直流电压法进行测试，即用万用直流电压挡检测电路各点电位、根据所测试数据的大小，判断故障所在部位。

（2）信号弱或无信号输出。在各三极管静态工作点正常的前提下，信号强或无信号输出的故障一般与信号输入、输出耦合电路及三极管本身有关。应重点检查耦合电容容量是否符合要求，三极管性能是否良好等方面。

检测方法：使用信号波形观测法进行检测，即在电路输入端接入幅度为 3 mV、频率为 1 kHz 的正弦波信号，按信号流向从前往后用示波器观测各点波形，根据所测波形，分析、判断故障所在部位。

四、总结

本任务使你学习到了哪些知识？积累了哪些经验？填入表 2-5 中，有利于提升自己的技能水平。

表 2-5　工作总结

正确装调方法	
错误装调方法	
总结经验	

五、工作岗位 6S 处理

工作任务全部完成后，关闭工作台总电源，拆下测量线和连接导线，归还借用工具仪器。组员对工作岗位进行"整理、整顿、清扫、清洁、安全、素养"处理。维护和保养测量仪器、仪表，确保其运行在最佳工作状态。

◇**能力拓展**◇

图 2-27 所示为分立元件构成的放大电路，主要由输入电路、电压放大电路和功率输出电路组成。根据已学知识，查阅相关资料，分析电路工作原理和信号流程。

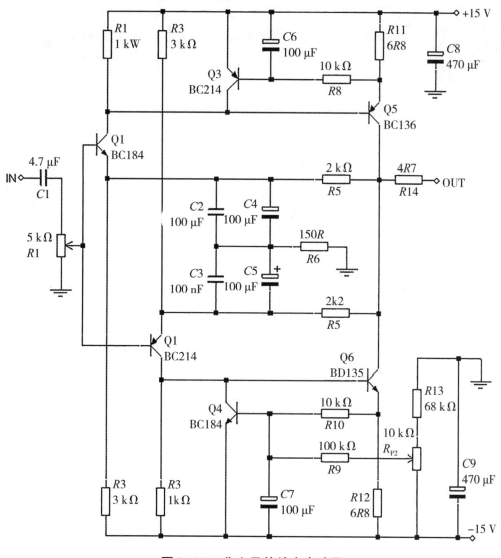

图 2-27 分立元件放大电路图

◇**任务评价**◇

表 2-6　耳机放大电路装调评价

班级：_____　　　　　　指导教师：_____
小组：_____　姓名：_____　日　期：_____

评价项目	评价标准	评价依据	评价方式			权重	得分小计
			学生自评 15%	小组互评 25%	教师评价 60%		
职业素养	1. 遵守规章制度与劳动纪律 2. 人身安全与设备安全 3. 积极主动完成工作任务 4. 按时、按质完成工作任务 5. 工作岗位 6S 处理	1. 劳动纪律 2. 工作态度 3. 团队协作精神				0.3	
专业能力	1. 会使用信号发生器、示波器 2. 能理解三极管放大电路的工作原理和波形分析 3. 电路板制作符合工艺要求，焊接标准 4. 能灵活使用仪器调试电路	1. 工作原理分析 2. 电路板制作工艺 3. 焊接工艺 4. 仪器使用熟练程度				0.5	
创新能力	1. 电路调试时能提出自己独到的见解或解决方案 2. 熟悉三极管的工作状态 3. 理解偏置电路对放大的影响，理解改善失真的意义	1. 三极管各种工作状态的理解 2. 分立元件放大电路分析				0.2	
综合评价	总分						
	教师点评						

项目 3 功率放大电路的制作与调试

◇**教学目标**◇

知识目标	技能目标
◆了解功率放大电路的主要性能指标 ◆了解功率放大电路的分类和特点 ◆了解 OCL、OTL 的基本组成和电路特性 ◆了解集成功率放大电路的应用	◆能对大功率三极管、集成功率放大电路进行资料查阅、识别与选取 ◆能对集成功率放大电路进行安装、调试与参数测试 ◆能熟练使用万用表、双踪示波器、函数信号发生器等电子仪器。

◇**任务描述**◇

多级放大电路虽然能够增大输入信号的电压幅度，但若在其输出端接入负载并驱动负载工作。这就要求多级放大电路要向负载提供足够大的输出功率，即输出端不但

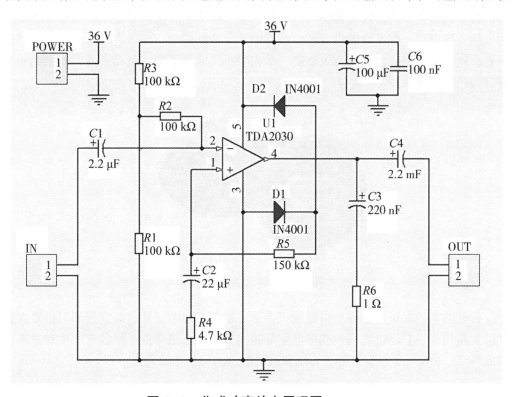

图 3-1 集成功率放大原理图

要有足够大的电压，还要有足够大的电流。如语音放大器中的扬声器，需要向它提供足够大的功率才能使其发出声音。这种能放大功率的放大电路统称为功率放大电路。

本项目通过制作一个双声道集成功率放大电路，了解功率放大电路的相关知识点，掌握功率放大电路的安装和调试方法。集成功率放大电路原理图如图 3-1 所示。

◇**任务要求**◇

（1）遵守安全操作规则，注意人身安全。
（2）根据电路图采用手工法制作电路板，元器件布局合理，走线正确。
（3）按电子工艺标准或要求完成元器件的成形加工、插装和焊接。
（4）使用函数信号发生器、示波器调试电路，做好波形、数据记录。

◇**相关知识**◇

一、扬声器检测

扬声器是一种把电信号转变为声信号的换能器件，种类较多。按其换能原理可分为电动式（即动圈式）、静电式（即电容式）、电磁式（即舌簧式）、压电式（即晶体式）等几种，后两种多用于农村有线广播中；按频率高低可分为低频扬声器、中频扬声器、高频扬声器，这几种扬声器常在音箱中作为组合扬声器使用。如图 3-2 所示为电动式扬声器，在低音纸盘上还安装有中、高音扬声器。门铃电路中使用的小型纸声器，频带虽然窄，但其发声效率高，体积较小，成本低廉。电动式扬声器的结构和分解如图 3-3 所示。

图 3-2　电动式扬声器

常见的电动式扬声器一般由磁铁、音圈、框架、定芯支片、振膜折环、锥型振膜和防尘帽构成。它通过线圈换能把电信号转换成动能，依靠锥形纸盆来产生和原来一致的声音。功率越大的扬声器，音圈和锥形纸盆的尺寸亦越大。

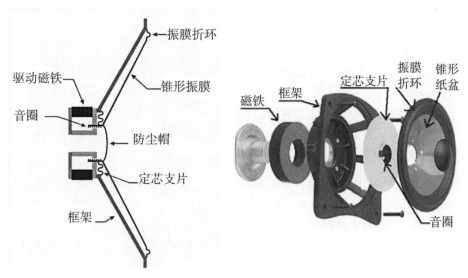

图 3-3　电动式扬声器结构和分解图

扬声器的直观检查可观察纸盆是否有破裂、变形，或用螺丝刀去检测磁铁的磁性，磁性越强越好，防磁扬声器对外不显磁性。电动式扬声器业余检测可使用电阻挡 R×1Ω 量程直接测量接线柱两端，其直流电阻值正常时应比铭牌扬声器的阻抗值略小。因扬声器铭牌标注的是线圈的阻抗（电阻和电抗），而不是直流电阻，所以阻抗为 8 Ω 的扬声器测量直流电阻正常为 7 Ω 左右。若测量阻值为无穷大，或远大于它的标称阻抗值，说明扬声器已经损坏。测量直流电阻时，将一只表笔断续接触引脚，应能听到扬声器发出咔呲咔呲的响声，无此响声说明扬声器的音圈被卡死或者短路，但有些低音扬声器的响声会比较小，需注意。

如果要详细测试其声学性能，则需使用专业的声学设备和软件。

二、TDA2030A 集成电路简介

TDA2030A 最早是德律风根公司生产的音频功放电路，采用 V 形 5 脚单列直插式塑料封装结构。如图 3-4 所示，按引脚的形状引可分为 H 形和 V 形。该集成电路广泛应用于汽车收音机、多媒体音箱等小体积音响设备中。其具有体积小、输出功率大、失真小等特点，并具备完善的功能保护电路。意大利 SGS 公司、美国 RCA 公司、日本日立公司、NEC 公司等后期均有同类产品生产，只是内部电路略有差异，但引脚位置及功能均相同，可以互换使用。

图 3-4　引脚图和外形图

1. TDA2030A 电路特点

（1）外接元件非常少。

（2）输出功率大，$P_o=18W$（$R_L = 4\ \Omega$）。

（3）采用超小型封装（TO–220）。

（4）开机冲击极小。

（5）内含各种保护电路，工作安全可靠。

（6）主要保护电路有短路保护、热保护、地线偶然开路、电源极性反接以及负载泄放电压反冲等。

（7）TDA2030A 能在最低 ±6 V 最高 ±22 V 的电压下工作，在 ±19 V、8 Ω 阻抗时输出 16 W 有效功率，$T_{HD} \leqslant 0.1\%$。

2. TDA2030A 内部电路

TDA2030A 集成电路内部组成如图 3–5 所示，主要由差动输入级、中间放大级、互补输出级和偏置电路组成。

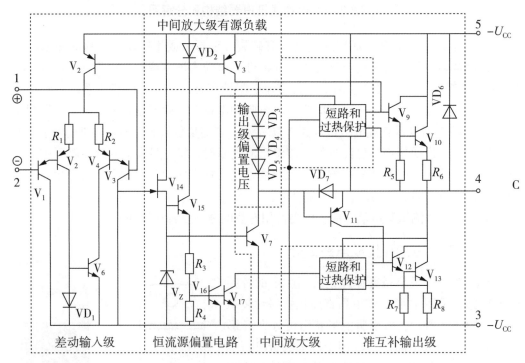

图 3–5　TDA2030A 内部组成电路

3. TDA2030A 主要参数

TDA2030A 主要参数见表 3–1 和表 3–2。

表 3-1　极限参数

参量符号	参数	数值	单位
V_S	最大供电电压	± 22	V
V_i	差分输入	± 15	V
I_O	最大输出电流	3.5	A
PTOT	最大功耗	20	W
TSTG 、TJ	存储和结点的温度	−40~+150	℃

表 3-2　主要电气参数（根据测试电路，V_S = ± 16V，T_{amp}=25℃ ）

参量符号	参数	测试条件	最小值	标准	最大值	单位
V_S	供电电压范围		± 6	—	± 22	V
I_d	静态漏电流	—	—	50	80	mA
I_b	输入偏置电流	V_s = ± 22 V	—	0.2	2	μA
V_{os}	输入失调电压	V_s = ± 22 V		± 2	± 20	mV
I_{os}	输入失调电流			± 20	200	nA
P_o	输出功率	d=0.5%，G_v=26 dB f=40 ~1.5 kHz R_L=4 R_L=8 R_L=8（V_s= ± 19）	15 10 13	18 12 16		W
B_W	功率带宽	P_o=15 W　R_L=4 Ω		100		kHz
S_R	转换速率			8		V/μs
G_v	开环增益	f=1 kHz		80		dB
G_v	闭环增益	f=1 KHz	25.5	26	26.5	dB
T_{HD}	总谐波失真	P_o=0.1 ~14 W，R_L=4 f=40~1.5 kHz，f=1 kHz P_o=0.1~ 9 W，f=40 ~1.5 kHz， R_L=8		0.08 0.03 0.5		% % %
eN	输入噪声电压	B=22 Hz~22 kHz		3	10	μV
i_N	输入噪声电流	B=22 Hz~22 kHz		80	200	pA
S/N	信噪比	R_L=4 Ω，R_g=10 kΩ，B=Curve A P_o=15 W P_o=1 W		106 94		dB dB
R_i	输入电阻	f=1 kHz（开环）	0.5	5		MΩ
T_j	热切断结点温度			145		℃

4．使用注意事项

（1）集成电器内部具有负载泄放电压反冲保护电路，如果电压峰值为 40 V 时，在 ⑤脚与电源之间必须插入 LC 滤波器或二极管限压电路以保证⑤脚电压在规定幅度内。

（2）内部有过热保护电路，超过限热保护温度时，输出功率降低或停止输出。

（3）印刷电路板设计时须考虑地线与输出端的去耦滤波，降低干扰信号串入。

（4）散热片与负电源相连接，双电源供电时，装配时需加绝缘。

三、TDA2030A 集成功放的典型应用

1．单电源 OTL 应用电路

图 3-6 所示为单电源 OTL 功放电路。

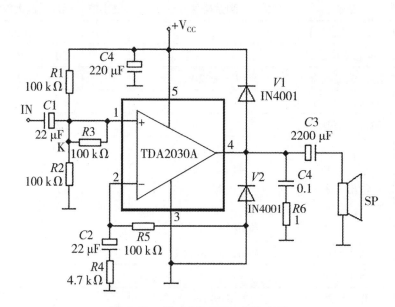

图 3-6 单电源 OTL 功放电路

单电源供电时，同相输入端用两个相同阻值的 R1 和 R2 组成分压电路，使 K 点电位为 $V_{cc}/2$，经 R3 送入同相输入端。R5 为反馈电阻，V1 和 V2 两个二极管起保护作用，防止电源反接。电路工作时，放大正半周信号时电容 C3 充电，左正右负，放大负半周信号时 C3 放电，充当电源的作用。由于 C3 的存在，放大输出信号都需经过电容，导致声音低频效果不好，但此电路只用到单路电源，结构简单，能满足一般场合的使用。

2．BTL 应用电路

BTL 称为平衡桥式功放电路，在低电压可获得较高的输出功率，理论上输出功率为单片功率的 4 倍，但实际上受到集成电路本身功耗和最大输出电流的限制，一般最大功率为单片功率的 2 倍左右。电路在 $V_S = \pm 14$ V 时，$P_o = 28$ W；若在 $V_S = \pm 16$V 或 ± 18V，输出功率会加大，但发热量和功耗增加。

IC1 为同相信号放大器，U_i 输入 TDA2030A 的①脚作同相放大。IC2 为反相信号放大器，输入信号是 IC1 的④脚经 R_3、C_7 分压器衰减后取得的，然后输入 IC2 的②脚作反相放大。每片 TDA2030A 放大的均是完整信号，只是两路放大信号输出相位差 180°，在负载上将得到原来单端输出的 2 倍电压，所以从理论上分析电路的输出功率将增加 4 倍。

◇**软件仿真**◇

一、原理图绘制

进入 Multisim14，根据原理图从元件库中选择相应元件，并置入对象选择器窗口，再放置到图形编辑窗口。在图形编辑窗口中画好仿真原理图，仿真原理图如图 3-7 所示。

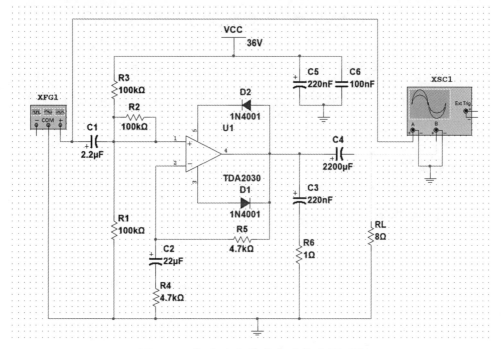

图 3-7 集成功率放大电路仿真原理图

二、仿真调试

单击"虚拟仪表"按钮，在对象选择器中找到"双踪示波器"和"函数信号发生器"，添加到原理图编辑区，按照图 3-7 所示的集成功率放大电路仿真原理图布置并连接好。按下"仿真"按钮，对电路进行调试。

（1）在输入端接入 1kHz 信号，用示波器观察其输出波形，逐渐增加输入电压幅度，直至出现失真为止，记录此时输入电压的振幅为_____，并记录波形。图 3-8

为集成功率放大电路输入、输出波形。

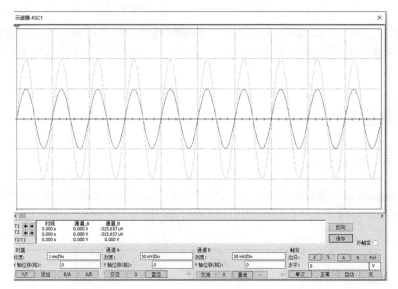

图 3-8　集成功率放大电路输入、输出波形

（2）频率响应测试。在保证输入信号 u_i 大小不变的条件下，利用波特图测试仪测量频带宽度 B 为_____。

◇**任务实施**◇

一、电路的安装

（1）焊接。在万能板上对元器件进行布局，并依次焊接。焊接时，注意电解电容及三极管的极性。

（2）检查。检查焊点，查是否有虚焊、漏焊；检查电解电容及三极管的极性，看是否连接正确。

（3）元件清单（表3-3）。

表 3-3　元件清单

序号	元件名称	规格	数量	序号	元件名称	规格	数量

二、电路的测试与调整

（1）不通电检测。对照电路原理图和电路装配图，认真检查接线是否正确，检查焊点有无虚焊、假焊。特别注意负载不能有短路。

（2）静态测试。功率放大电路静态的测试，均应在输入信号为零（输入端接地）的条件下进行。功率放大电路静态测试最后应达到输出端对地电位为 18 V。

（3）性能指标测试。接入 1 kHz 的输入信号，在输出信号不失真的条件下测试功率放大电路的主要性能指标。

输入波形	周期（S）	幅度（mV）
	量程（S/DIV）	量程（mV/DIV）

输出波形	周期（S）	幅度（V）
	量程（S/DIV）	量程（V/DIV）

三、总结

本任务使你学习到了哪些知识？积累了哪些经验？填入表 3-4 中，有利于提升自己的技能水平。

表 3-4　工作总结

正确装调方法	
错误装调方法	
总结经验	

四、工作岗位 6S 处理

工作任务全部完成后，关闭工作台总电源，拆下测量线和连接导线，归还借用工具仪器。组员对工作岗位进行"整理、整顿、清扫、清洁、安全、素养"处理。维护和保养测量仪器、仪表，确保其运行在最佳工作状态。

◇能力拓展◇

LM1875 输出功率比 TDA2030A 和 TDA2009 稍大，电压为 16~30 V。不失真功率达到 20 W（T_{HD}=0.08%），当 T_{HD} = 1% 时，功率达 40 W。其内部保护功能完善，引脚排列与 TDA2030A 一致，电路结构简单。常用的 LM1875 功率电路有单电源接法和双电源接法，电路如图 3-9 和图 3-10 所示。根据已学的知识，查阅相关资料，分析工作原理和信号流程，独立完成电路安装与调试。

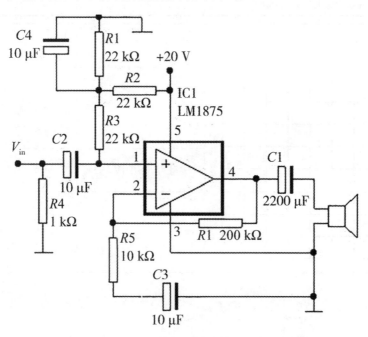

图 3-9　LM1875 单电源功率放大电路图

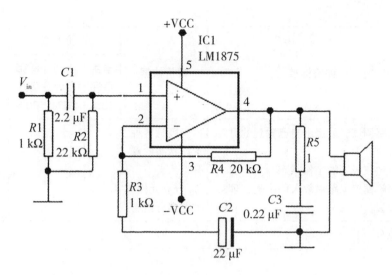

图 3-10　LM1875 双电源功率放大电路图

◇**任务评价**◇

表 3-5　功率放大电路装调评价

| 班级：＿＿＿＿＿＿＿＿＿ | | 指导教师：＿＿＿＿＿＿＿＿ | | | | |
| 小组：＿＿＿＿＿＿　姓名：＿＿＿＿＿ | | 日　　期：＿＿＿＿＿＿＿＿ | | | | |

评价项目	评价标准		评价方式			权重	得分小计
			学生自评 15%	小组互评 25%	教师评价 60%		
职业素养	1. 遵守规章制度与劳动纪律 2. 人身安全与设备安全 3. 积极主动完成工作任务 4. 按时、按质完成工作任务 5. 工作岗位 6S 处理	1. 劳动纪律 2. 工作态度 3. 团队协作精神				0.3	
专业能力	1. 会使用信号发生器、示波器 2. 能理解三极管放大电路的工作原理和波形分析 3. 电路板制作符合工艺要求，焊接标准 4. 能灵活使用仪器调试电路	1. 工作原理分析 2. 电路板制作工艺 3. 焊接工艺 4. 仪器使用熟练程度				0.5	

续表

评价项目	评价标准	评价依据	评价方式			权重	得分小计
			学生自评 15%	小组互评 25%	教师评价 60%		
创新能力	1. 电路调试时能提出自己独到的见解或解决方案 2. 熟悉三极管的工作状态 3. 理解偏置电路对放大的影响，理解改善失真的意义	1. 三极管各种工作状态的理解 2. 分立元件放大电路分析				0.2	
综合评价	总分						
	教师点评						

项目 4 集成运放电路应用（模拟电量显示电路）

◇教学目标◇

知识目标	技能目标
◆掌握 LM324 引脚的功能和使用方法，会分析模拟电量显示电路的工作原理 ◆了解模拟电量显示电路的应用原理，并能计算相关参数 ◆能使用万用表对三极管、发光二极管进行检测	◆能查阅 LM324 应用电路的相关资料 ◆会运用 Proteus 仿真模拟电量显示电路 ◆能对模拟电量显示电路进行安装与测试 ◆培养独立分析、团队协助、改造创新的能力

◇任务描述◇

模拟电量显示电路常应用在一些电动车、汽车或充电器等的电量显示场合，通过发光二极管的亮灭来显示相应电量。图 4-1 是一个模拟电量显示电路图，通电后，可以通过调整 R_{W1} 来依次点亮发光二极管，从而模拟电量的显示效果。

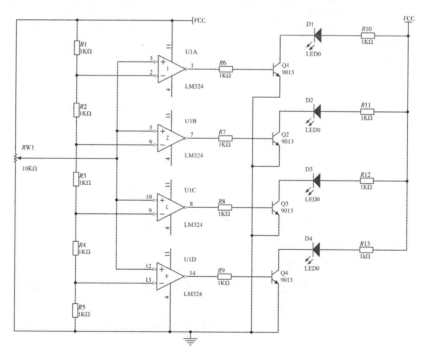

图 4-1　模拟电量显示电路图

◇任务要求◇

（1）4个发光二极管的安装位置设计成一个列，这样点亮效果较明显。

（2）根据电路图设计单面 PCB 板，元器件布局合理，大面积接地。

（3）单面 PCB 板的设计和安装，面积小于 10 cm × 10 cm。

（4）发光二极管高度一致，集成电路采用插座安装，电位器安装在方便调节的位置。

◇相关知识◇

一、集成运算放大器 LM324

LM324 是四运放集成电路，它采用 14 脚双列直插塑料封装，LM324 原理图如图 4-2 所示，它的内部包含四组形式完全相同的运算放大器，除电源共用外，四组运放相互独立。每一组运算放大器可用图 4-2 所示的符号来表示。LM324 引脚图如图 4-3 所示，它有 5 个引出脚，其中 +、− 为两个信号的输入端，$V+$、$V-$ 为正、负电源端，V_0 为输出端。两个信号输入端中，V_i-（−）为反相输入端，表示运放输出端 V_0 的信号与该输入端的相位相反；V_i+（+）为同相输入端，表示运放输出端 V_0 的信号与该输入端的相位相同。

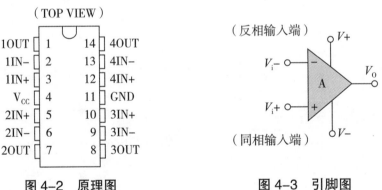

图 4-2　原理图　　　　图 4-3　引脚图

LM324 四运放电路具有电源电压范围宽、静态功耗小、可作单电源使用、价格低廉等优点，因此被广泛应用在各种电路中。

当去掉运放的反馈电阻时，或者反馈电阻趋于无穷大时（即开环状态），理论上认为运放的开环放大倍数也为无穷大（实际上是很大，如 LM324 运放开环放大倍数为 100 dB，既 10 万倍）。此时运放便形成一个电压比较器，其输出如不是高电平（$V+$），就是低电平（$V-$ 或接地）。当正输入端电压高于负输入端电压时，运放输出低电平。

图 4-4 中使用两个运放组成一个电压上下限比较器，电阻 R_1、R'_1 组成分压电路，为运放 A_1 设定比较电平 U_1；电阻 R_2、R'_2 组成分压电路，为运放 A_2 设定比较电平 U_2。输入电压 U_i 同时加到 A_1 的正输入端和 A_2 的负输入端之间，当 $U_i > U_1$ 时，运放 A_1 输出高电平；当 $U_i < U_2$ 时，运放 A_2 输出高电平。运放 A_1、A_2 只要有一个输出高电平，晶体管 BG_1 就会导通，发光二极管 LED 就会被点亮。

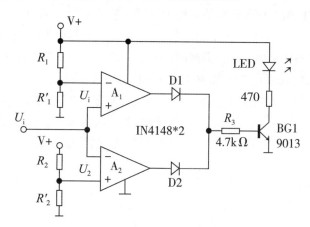

图 4-4　上下限比较器

若选择 $U_1 > U_2$，则当输入电压 U_i 越出 $[U_2, U_1]$ 区间时，LED 被点亮，这便是一个电压双限指示器。

若选择 $U_2 > U_1$，则当输入电压在 $[U_2, U_1]$ 区间时，LED 被点亮，这是一个"窗口"电压指示器。

此电路与各类传感器配合使用，稍加变通，便可用于各种物理量的双限检测、短路、断路报警等。

二、三极管

9013 是一种 NPN 型小功率三极管。三极管是半导体基本元器件之一，具有电流放大作用，是电子电路的核心元件。三极管是在一块半导体基片上制作两个相距很近的 PN 结，两个 PN 结把整块半导体分成三部分，中间部分是基区，两侧部分是发射区和集电区。三极管的排列方式有 PNP 和 NPN 两种。S9013 NPN 三极管主要用途：作为音频放大和收音机 1W 推挽输出以及开关等。

对于 S9014、S9013、S9015、S9012、S9018 系列的晶体小功率三极管，把显示文字平面朝自己，从左向右依次为发射极 E、基极 B、集电极 C；对于中小功率塑料三极管，按图使其平面朝向自己，三个引脚朝下放置，则从左到右依次为发射极 E、基极 B、集电极 C，S8050, S8550, C2078 也是和这个一样的。S9013 的

图 4-5　管脚图

管脚图如图 4-5 表示。

三极管管脚识别方法：

（1）判定基极。用万用表 R×100 挡或 R×1k 挡测量管子三个电极中每两个极之间的正、反向电阻值。先用一根表笔接某一电极，再用另一根表笔先后接触另外两个电极，如果均测得低阻值时，则第一根表笔所接的那个电极即为基极 B。要注意万用表表笔的极性，如果红表笔接的是基极 B，黑表笔分别接在其他两极时，测得的阻值都较小，则可判定被测管子为 PNP 型三极管；如果黑表笔接的是基极 B，红表笔分别接触其他两极时，测得的阻值较小，则被测三极管为 NPN 型管，如 S9013、S9014、S9018。

（2）判定三极管集电极 c 和发射极 e（以 PNP 型三极管为例）。将万用表置于 R×100 或 R×1K 挡，红表笔基极 b，用黑表笔分别接触另外两个管脚时，所测得的两个电阻值一个大一些，一个小一些。在阻值小的一次测量中，黑表笔所接管脚为集电极；在阻值较大的一次测量中，黑表笔所接管脚为发射极。

◇软件仿真◇

一、原理图绘制

进入 Proteus，从元件库中选择集成运算放大器 LM324、三极管、发光二极管、电阻等，并置入对象选择器窗口，再放置到图形编辑窗口。在图形编辑窗口中画好仿真原理图，如图 4-6 所示。

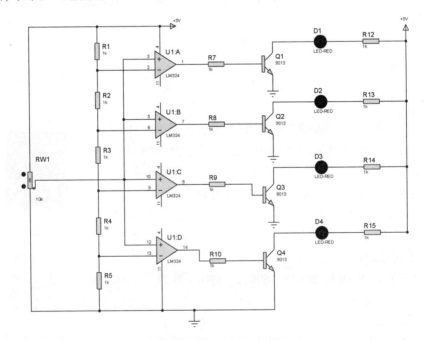

图 4-6 模拟电量显示电路仿真原理图

二、仿真调试

电路原理图绘制完成后，调节电位器 R_{W1} 开关置于"↓"位置，单击"仿真工具栏"按钮，电路开始运行测试电路。按下电位器 R_{W1} 的"↑"位置，观察发光二极管的显示情况。

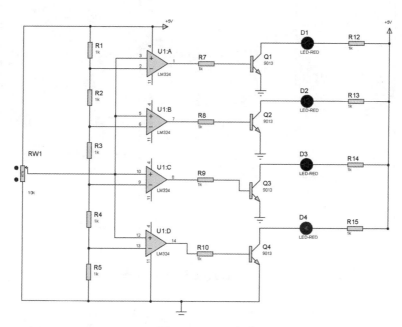

图 4-7　D4 点亮

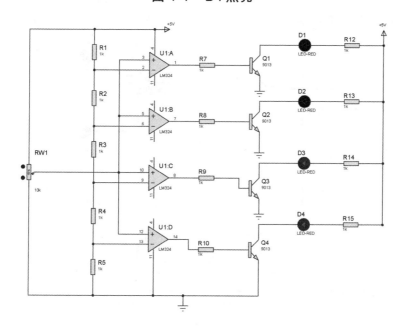

图 4-8　D3、D4 点亮

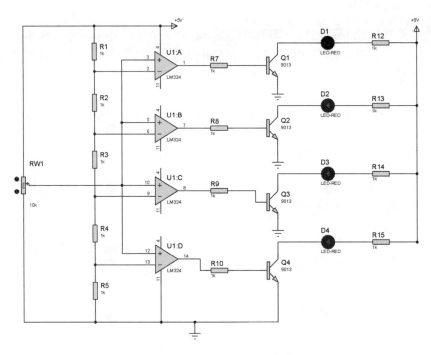

图 4-9　D2、D3、D4 点亮

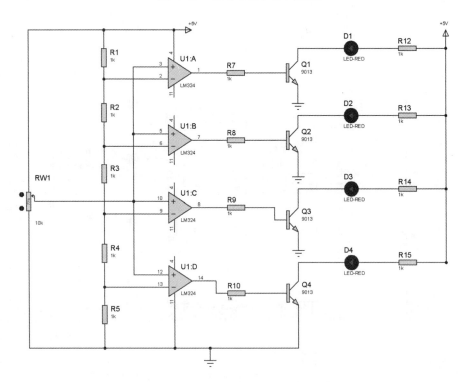

图 4-10　D1、 D2、D3、D4 均点亮

◇**任务实施**◇

一、电路的安装

（1）焊接。在万能板上对元器件进行布局，并依次焊接。焊接时，注意电解电容及三极管的极性。

（2）检查。检查焊点，查看是否有虚焊、漏焊；检查电解电容及三极管的极性，看是否连接正确。

（3）元件清单（表4-1）。

表 4-1　元件清单

序号	元件名称	规格	数量	序号	元件名称	规格	数量

二、电路的测试与调整

（1）工作原理分析。

本电路主要由三部分组成：取样电路、电压比较电路和显示电路。电压比较器的同相输入端连接在一起，作为模拟电量的输入端；反相输入端分别连接到 R_1~R_5 组成的取样电路上，取样电压为 1~4 V。通过调节电位器 R_{W1}，来改变输入电压，从而与反相输入端的电压进行比较，输出相应的电平来驱动 LED 发光二极管发光。

（2）电路安装完毕，经检查无误后即可通电调试。按表4-2的要求调试、测量数据，并将测量数据填入表中。

表 4-2　模拟电量显示电路调试数据

测试项目	测量数据
调节 R_{W1}，使发光二极管 D_4 点亮，测量集成运放同相端的电压	
调节 R_{W1}，使发光二极管 D_3、D_4 点亮，测量集成运放同相端的电压	

续表

测试项目	测量数据
调节 R_{W1}，使发光二极管 D_2、D_3、D_4 点亮，测量集成运放同相端的电压	
调节 R_{W1}，使发光二极管 D_1、D_2、D_3、D_4 点亮，测量集成运放同相端的电压	

三、总结

本任务使你学习到了哪些知识？积累了哪些经验？填入表 4-3 中，有利于提升自己的技能水平。

表 4-3　工作总结

正确装调方法	
错误装调方法	
总结经验	

四、工作岗位 6S 处理

工作任务全部完成后，关闭工作台总电源，拆下测量线和连接导线，归还借用工具仪器。组员对工作岗位进行"整理、整顿、清扫、清洁、安全、素养"处理。维护和保养测量仪器、仪表，确保其运行在最佳工作状态。

◇能力拓展◇

本电路每个发光二极管只能显示 25% 的电量，显示效果单一，显示精度有限。若需要更精确的显示，效果更明显一点，电路能否升级改造？为了提高显示精度，小组成员发挥团队协助精神，设计总体方案，讨论决策，制定计划实施。

◇**任务评价**◇

表 4-4　模拟电量显示装调评价表

班级：_____ 小组：_____ 姓名：_____			指导教师：_____ 日　　期：_____				
评价项目	评价标准	评价依据	评价方式			权重	得分小计
			学生自评 15%	小组互评 25%	教师评价 60%		
职业素养	1. 遵守规章制度与劳动纪律 2. 人身安全与设备安全 3. 积极主动完成工作任务 4. 完成任务的时间 5. 工作岗位 6S 处理	1. 劳动纪律 2. 工作态度 3. 团队协作精神				0.3	
专业能力	1. 掌握 CD4017 的功能和使用 2. 能熟练制作流水灯 PCB 板，元器件装配达标 3. 能够使用仪器调试电路和快速排除故障 4. 测量数据精度高	1. 工作原理分析 2. 安装工艺 3. 调试方法和步骤 4. 测量数据准确性				0.5	
创新能力	1. 电路调试时能提出自己独到的见解或解决方案 2. 能利用 CD4017 集成电路制作各种功能电路 3. 团队能够完成多个流水灯的点亮	1. 调试、分析方案 2. 数字集成电路的灵活使用 3. 团队任务完成情况				0.2	
综合评价	总分						
	教师点评						

项目 5 电子生日蜡烛的制作与调试

◇**教学目标**◇

知识目标	技能目标
◆掌握 CD4013 引脚功能和使用方法 ◆会分析生日蜡烛电路的工作原理	◆能用万用表对三极管、电容等元件进行检测 ◆会运用 Multisim14 仿真生日蜡烛电路 ◆能对生日蜡烛电路进行安装与测试 ◆培养独立分析、团队协助、改造、创新的能力

◇**任务描述**◇

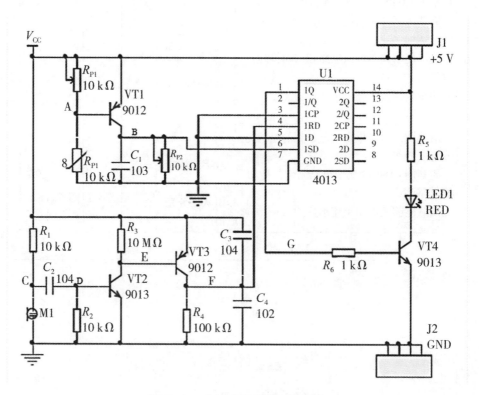

图 5-1　电子生日蜡烛电路图

电子生日蜡烛是模拟蜡烛工作的，具有点火灯亮，风吹灯灭的特点，而且比蜡烛更环保、安全。所以，现在生日聚会更常使用电子生日蜡烛。图 5-1 是一个简单的电子生日蜡烛电路，通过打火机点燃热敏电阻，二极管发光；嘴吹话筒，二极管熄灭，从而实现蜡烛的功能。

◇任务要求◇

（1）根据电路图设计单面 PCB 板，元器件布局合理，大面积接地。

（2）单面 PCB 板的设计和安装，面积小于 10 cm × 10 cm。

（3）集成电路采用插座安装，电位器安装在方便调节位置。

◇相关知识◇

一、CD4013

CD4013 是 CMOS 双 D 触发器，内部集成了两个性能相同、相互独立（电源共用）的 D 触发器。它采用 14 引脚双列直插塑料封装，是目前设计开发电子电路的一种常用器件。它的使用相当灵活方便且易掌握，受到许多电子爱好者的喜爱。CD4013 引脚功能如图 5-2 所示。

CD4013 各引脚功能说明如下：

（1）1D、2D：数据输入端。

（2）1CP、2CP：时钟输入端（时钟上升沿触发有效）。

（3）1Q、2Q：原码（逻辑正）输出端。

（4）1、2：反码（逻辑负）输出端。

（5）1SD、2SD：异步置位端（高电平有效）。

（6）1RD、2RD：异步复位端（高电平有效）。

（7）VDD：电源正端。

（8）VSS：系统地（0 V）。

图 5-3 为 CD4013 内部结构。它由两个相同的、相互独立的数据型触发器构成，每个触发器有独立的数据（D）、置位（SD）、复位（RD）、时钟输入（CP）及输出（Q）。CD4013 可用作移位寄存器，且通过将输出端 Q 连接到数据输入端，可用作计数器和触发器。在时钟上升沿触发时，加在输入端 D 的逻辑电平传送到输出端 Q。置位和复位与时钟无关，分别由置位或复位线上的高电平完成。CD4013 工作电压 V_{DD} 推荐使用为 5~15V，输入端口必须接 V_{DD}、V_{SS} 或其他输入脚。

CD4013 的每个 D 触发器都有 6 个端子，其中 2 个输出，4 个控制。4 个控制分别是 R、S、CP、D，其中，R 和 S 不能同时为高电平。

（1）当 R 为 1、S 为 0 时，输出 Q 一定为 0，因此 R 可称为复位端。

（2）当 S 为 1、R 为 0 时，输出 Q 一定为 1。

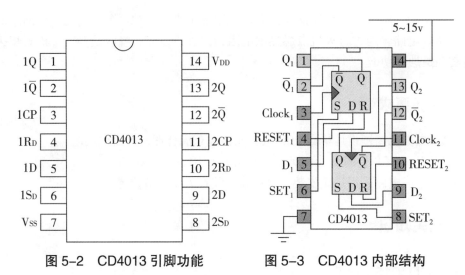

图 5-2　CD4013 引脚功能　　　　图 5-3　CD4013 内部结构

（3）当 R、S 均为 0 时，Q 在 CP 端有脉冲上升沿到来时动作，具体是 Q=D，即若 D 为 1 则 Q 也为 1，若 D 为 0 则 Q 也为 0。

CD4013 真值表。

表 5-1　CD4013 真值表

1CP（3 脚）	1D（5 脚）	1RD（4 脚）	1SD（6 脚）	1Q（1 脚）	1/Q（2 脚）
↑	0	0	0	0	1
↑	1	0	0	1	0
↓	×	0	0	Q	Q
×	×	1	0	0	1
×	×	0	1	1	0
×	×	1	1	1	1

设电路初始状态均在复位状态，Q_1、Q_2 端均为低电平。当 f_i 信号输入时，由于输入端异或门的作用，其输出还受到触发器 IC_2 的 Q_2 端的反馈控制（非门 F_2 是增加的一级延迟门，A 点波形与 Q_2 相同）。在第 1 个 f_i 时钟脉冲的上升沿作用下，触发器 IC_1、IC_2 均翻转。由于 Q_2 端的反馈作用，使得异或门输出一个很窄的正脉冲，宽度由两级 D 触发器和反相门的延时决定。当第 1 个 f_i 脉冲下跳时，异或门输出又立即上跳，使 IC_1 触发器再次翻转，而 IC_2 触发器状态不变。这样，在第 1 个输入时钟的半个周期内促使 IC_1 触发器的时钟脉冲端 CL_1 有一个完整周期的输入。在之后的输入时钟的作用下，由于 IC_2 触发器的 Q_2 端为高电平，IC_1 触发器的时钟输入会跟随 f_i 信号（反相或同相）。原本 $_{IC1}$ 触发器输入两个完整的输入脉冲便可输出一个完整周期的脉冲，现在由于异或门及 IC_2 触发器 Q_2 端的反馈控制作用，在第 1 个 f_i 脉冲的作用下，得到

一个周期的脉冲输出，所以实现了每输入一个半时钟脉冲，在 IC_1 触发器的 Q_1 端会取得一个完整周期的输出。

二、温度传感器（热敏电阻）

热敏电阻是热敏元件的一类，按照温度系数不同分为正温度系数热敏电阻器（PTC）和负温度系数热敏电阻器（NTC）。热敏电阻的典型特点是对温度敏感，不同的温度下表现出不同的电阻值。正温度系数热敏电阻器（PTC）在温度越高时电阻值越大，负温度系数热敏电阻器（NTC）在温度越高时电阻值越低。它们同属于半导体器件。

本电路采用负温度系数热敏电阻器（NTC），常温下的电阻值为 $100\,k\Omega$ 左右。检测时，用万用表欧姆挡直接测量，实际测量值为 $80\sim100\,k\Omega$。当用打火机点燃后，电阻值急速下降挡 $10\,k\Omega$ 以下。

三、驻极体话筒

驻极体话筒具有体积小、结构简单、电声性能好、价格低的特点，广泛用于盒式录音机、无线话筒及声控等电路中，属于最常用的电容话筒。由于其输入和输出阻抗很高，所以要在这种话筒外壳内设置一个场效应管作为阻抗转换器，为此，驻极体电容式话筒在工作时需要直流工作电压。

将模拟式万用表拨至 $R\times100$ 挡，两表笔分别连接话筒两电极（注意不能错接到话筒的接地极），待万用表显示一定读数后，用嘴对准话筒轻轻吹气（吹气速度慢而均匀），边吹气边观察表针的摆动幅度。吹气瞬间表针摆动幅度越大，话筒灵敏度就越高，送话、录音效果就越好。若摆动幅度不大（微动）或根本不摆动，说明此话筒性能差，不宜应用。

四、工作原理

本电路利用双 D 触发器 CD4013 中的一个 D 触发器，接成 R–S 触发器形式。接通电源后，R_7、C_3 组成的微分电路产生一个高电平微分脉冲加到 IC_1 的 1RD 端，强制电路复位。1Q 端输出低电平，送到三极管 V_4 的基极也为低电平，V_4 截止，发光二极管 D_1 不发光。

当用打火机烧热敏电阻 R_2 后（烧的时间不能太长，否则容易烧坏热敏电阻），R_2 的阻值突然变小，呈现低电阻状态，三极管 V_1 导通，产生的高电平脉冲送到 CD4013 的 1SD 端，使 1Q 端翻转变为高电平，送到三极管 V_4 的基极也为高电平，V_4 导通，发光二极管 D_1 发光。这一过程相当于火柴点燃蜡烛。此时即使打火机离开热敏电阻 R_2 后，电路状态也不会发生改变，发光二极管 D_1 维持发光。

当用嘴吹驻极体话筒 M_1 时，M_1 输出的音频信号经过 C_2 送到 V_2 的基极，触发 V_2 导通。因 R_5 的阻值比较大，故 V_2 的集电极电位降得很低，PNP 型三极管 V_3 的基极电位也就很低，从而使 V_3 导通，高电平脉冲送到 CD4013 的 1RD 端。触发器复位，1Q

端由高电平变为低电平，V₄ 截止，发光二极管 D₁ 熄灭，从而实现风吹火熄的仿真效果。

◇软件仿真◇

一、Proteus 软件介绍

1. Proteus 概述

Proteus 是英国 Labcenter 公司开发的 EDA 工具软件，它集合了原理图设计、电路分析与仿真、单片机代码级调试与仿真、系统测试与功能验证以及 PCB 设计完整的电子设计过程。Proteus ISIS 是智能原理图输入系统，利用该系统既可以进行智能原理图的设计、绘制和编辑，又可以进行电路分析与实物仿真。尤为突出的是，它是到目前为止最适合单片机系统开发使用的设计与仿真平台。

Proteus ISIS 运行于 Windows 操作系统上，其主要特点如下：

（1）具有强大的原理图绘制功能。

（2）实现了单片机仿真和 SPICE 电路仿真相结合。Proteus ISIS 具有模拟电路仿真、数字电路仿真、单片机及其外围电路组成的系统的仿真、RS-232 动态仿真、I2C 调试器、SPI 调试器、键盘和 LCD 系统仿真等功能。Proteus ISIS 还具有示波器、信号发生器等多种虚拟仪器。

（3）提供软件调试功能。Proteus ISIS 具有全速、单步、设置断点等调试功能，可以观察各个变量、寄存器等的当前值，支持第三方的软件编译和调试环境，如 Keil C51 μVision2、Matlab IDE 等软件。

（4）支持主流单片机系统的仿真。目前 Proteus ISIS 支持的单片机类型有：68000 系列、8051 系列、AVR 系列、PIC12 系列、PIC16 系列、PIC18 系列、Z80 系列、HC11 系列以及各种外围芯片。

总之，该软件是一款集单片机和 SPICE 分析于一身的仿真软件，功能极其强大。

2. 启动 Proteus ISIS

在计算机上安装好 Proteus 后，双击桌面上的 ISIS 8 Professional 图标或者通过选择屏幕左下方的"开始"→"程序"→"Proteus 78Professional"→"ISIS 8 Professional"，启动 Proteus 软件。启动后，出现如图 5-4 所示的画面，表明此时已进入 Proteus ISIS 集成环境。

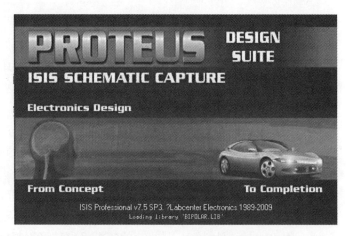

图 5-4 Proteus ISIS 启动界面

3. 工作界面简介

Proteus ISIS 的工作界面是一种标准的 Windows 界面，如图 5-5 所示，包括标题栏、菜单栏、工具栏、对象预览窗口、器件选择按钮、对象选择区、编辑区、仿真控制按钮和状态栏。

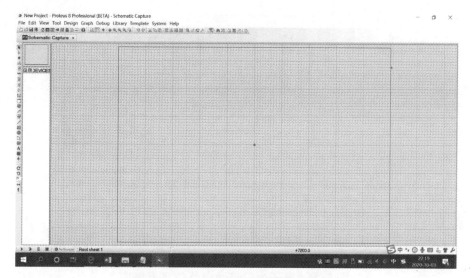

图 5-5　Proteus ISIS 的工作界面

下面简单介绍 Proteus ISIS 工作界面各部分的作用。

（1）编辑区：在编辑区中可编辑原理图，设计各种电路、符号和器件模型等。同时，它也是各种电路的仿真平台。

注意：这个窗口是没有滚动条的，可用预览窗口来改变原理图的可视范围。同时，它的操作不同于常用的 Windows 应用程序，正确的操作是：鼠标单击左键放置元件，滚动中键放缩原理图，单击右键选择元件，双击右键删除元件，先右键后单击左键编辑元件属性，先右键后长按左键拖曳为拖动元件，连线用左键，删除用右键。

（2）对象预览窗口：对象预览窗口可显示两个内容，一个是在元件列表中选择一个元件时，会显示该元件的预览图；另一个是当鼠标左键单击空白编辑区或在编辑区中放置元件时，会显示整张原理图的缩略图，并会显示一个绿色的方框，绿色方框里面的内容就是当前原理图窗口中显示的内容。因此，可在对象预览窗口中单击鼠标左键来改变绿色方框的位置，从而改变原理图的可视范围。

二、原理图绘制

进入 Proteus 仿真软件，从元件库中选择 CD4013、发光二极管、三极管、电阻等，并置入对象选择器窗口，再放置到图形编辑窗口。在图形编辑窗口中画好仿真原理图，如图 5-6 所示。

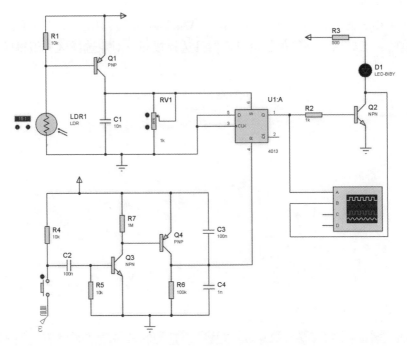

图 5-6　电子生日蜡烛电路仿真原理图

三、仿真调试

在对象选择器中找到"Instruments"，在其中找到"oscilloscope（双踪示波器）"，连接到 CD4013 的 1Q 端，单击"虚拟仪表"按钮，按照图 5-7 所示的电子蜡烛电路仿真原理图布置并连接好。按下"仿真"按钮，观察并记录发光二极管的状态和记录示波器显示的波形。

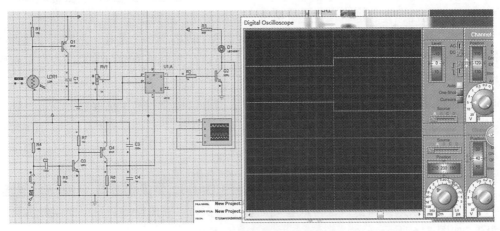

图 5-7　电子蜡烛电路仿真波形

◇**任务实施**◇

一、电路的安装

（1）焊接。在万能板上对元器件进行布局，并依次焊接。焊接时，注意电解电容及三极管的极性。

（2）检查。检查焊点，查看是否有虚焊、漏焊；检查电解电容及三极管的极性，看是否连接正确。

（3）元件清单（表5-2）。

表 5-2　元件清单

序号	元件名称	规格	数量	序号	元件名称	规格	数量

二、电路的测试与调整

1. 工作原理分析

本电路主要组成部分为温度传感器、驻极体话筒及 CD4013 控制电路。

2. 调试与排除故障

电路安装完毕，经检查无误后即可通电调试，按表5-3要求调试、测量数据，并将测量数据填入表5-3中。

表 5-3　电子生日蜡烛调试波形

测试项目	测量数据
点燃热敏电阻 R_2，测量波形	
给 M_1 信号，使其动作，测量波形	

◇**思考题**◇

如果在调试时发生以下故障，请分析原因，写出排除故障的方法。

①

②

③

三、总结

本任务使你学习到了哪些知识？积累了哪些经验？填入表 5–4 中，有利于提升自己的技能水平。

表 5–4　工作总结

正确装调方法	
错误装调方法	
总结经验	

四、工作岗位 6S 处理

工作任务全部完成后，关闭工作台总电源，拆下测量线和连接导线，归还借用工具仪器。组员对工作岗位进行"整理、整顿、清扫、清洁、安全、素养"处理。维护和保养测量仪器、仪表，确保其运行在最佳工作状态。

◇**任务评价**◇

表 5-5　电子生日蜡烛装调评价表

班级：_____　　　　　　　　指导教师：_____
小组：_____　姓名：_____　　日　期：_____

评价项目	评价标准	评价依据	评价方式			权重	得分小计
			学生自评 15%	小组互评 25%	教师评价 60%		
职业素养	1. 遵守规章制度与劳动纪律 2. 人身安全与设备安全 3. 积极主动完成工作任务 4. 完成任务的时间 5. 工作岗位 6S 处理	1. 劳动纪律 2. 工作态度 3. 团队协作精神				0.3	
专业能力	1. 掌握 CD4013 的功能和使用 2. 能熟练制作电子蜡烛 PCB 板，元器件装配达标 3. 能够使用仪器调试电路和快速排除故障 4. 测量数据精度高	1. 工作原理分析 2. 安装工艺 3. 调试方法和步骤 4. 测量数据准确性				0.5	
创新能力	1. 电路调试时能提出自己独到的见解或解决方案 2. 能利用 CD4013 集成电路制作各种功能电路 3. 团队能够完成电子生日蜡烛点亮和熄灭	1. 调试、分析方案 2. 数字集成电路的灵活使用 3. 团队任务完成情况				0.2	
综合评价	总分						
	教师点评						

项目 6 调光台灯的制作与调试

◇**教学目标**◇

知识目标	技能目标
◆理解晶闸管的基本结构和工作原理 ◆理解单结晶体管的基本结构和工作原理 ◆会用相关仪器、仪表对调光电路进行调试与测量	◆能用 Protel DXP 软件进行调光台灯原理图的绘制和制作 PCB 板 ◆能运用 Multisim14 仿真调光台灯电路 ◆能对调光台灯电路进行安装与测试

◇**任务描述**◇

调光台灯在我们的生活中使用的越来越广泛，它可以根据室内光线的强弱来进行调节，可以很好地补充室内光线的不足，对我们的眼睛也有一定的保护作用。图 6-1 是家用调光台灯电路图，调节 R_P 的阻值，可改变触发脉冲的相位，控制晶闸管 V_5 的导通角，从而达到调节灯泡亮度的目的。

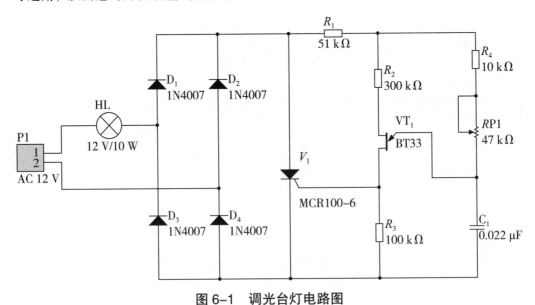

图 6-1 调光台灯电路图

◇任务要求◇

（1）根据电路图设计单面 PCB 板，元器件布局合理，大面积接地。

（2）单面 PCB 设计和安装，面积小于 10 cm × 10 cm。

（3）利用 Multisim14 软件，根据电路图，绘制电路的仿真图。

◇相关知识◇

一、晶闸管

1. 晶闸管的结构、符号

晶闸管外部有三个电极，内部由 PNPN 四层半导体构成，最外层的 P 层和 N 层分别引出阳极 A 和阴极 K，中间的 P 层引出门极（或称控制极）G，内部有三个 PN 结。图 6-2 为晶闸管的结构示意图，图 6-3 为晶闸管的符号。

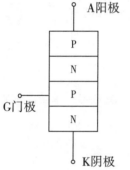

图 6-2　晶闸管的结构示意图

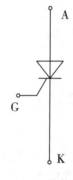

图 6-3　晶闸管的符号

2. 晶闸管的工作特性

（1）晶闸管的导电特点：

①晶闸管具有单向导电特性。

②晶闸管的导通是通过门极控制的。

（2）晶闸管导通的条件：

①阳极与阴极间加正向电压。

②门极与阴极间加正向电压，这个电压称为触发电压。

以上两个条件，必须同时满足，晶闸管才能导通。

（3）导通后，晶闸管关断的条件：

①降低阳极与阴极间的电压，使通过晶闸管的电流小于维持电流 i_H。

②阳极与阴极间的电压减小为零。

③将阳极与阴极间加反向电压。

只要具备以上其中一个条件就可使导通的晶闸管关断。

二、单结晶体管振荡电路

1. 单结晶体管的结构、符号

单结晶体管内部有一个 PN 结，所以称为单结晶体管；有三个电极，分别是发射极和两个基极，所以又称为双基极二极管。它是在一块高掺杂的 N 型硅基片一侧的两端各引出一个接触电阻很小的极，分别称为第一基极 B_1 和第二基极 B_2。而在硅片的另一侧靠近 B_2 处，掺入 P 型杂质，形成 PN 结，引出电极，称为发射极 E。单结晶体管的结构如图 6-4 所示，符号如图 6-5 所示，等效电路如图 6-6 所示。

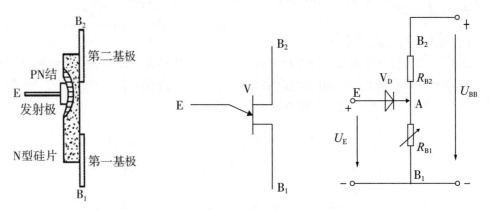

图 6-4　单结晶体管的结构　　图 6-5　单结晶体管的符号　　图 6-6　单结晶体管的等效电路

2. 单结晶体管的伏安特性

图 6-7 为单结晶体管的伏安特性曲线。

当 $U_E < U_A$ 时，PN 结反向截止，单结晶体管截止。

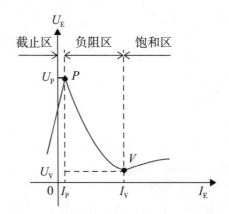

图 6-7　单结晶体管的伏安特性曲线

当 $U_E \geqslant U_A$ 时，PN 结正向导通，I_E 显著增加，R_{B1} 迅速减小，U_E 下降——负阻特

性管子由截止区进入负阻区的临界点——峰点（用 P 表示）。

峰点电压：$U_E = \eta U_{BB} + U_D$；峰点电流：I_P。

当 U_E 下降至谷点时，谷点电压为 U_V，谷点电流为 I_V，过了 V 点后，管子又恢复正向特性，随 I_E 增大，U_E 略有增大——饱和区。

3. 单结晶体管的振荡电路

图 6-8 为单结晶体管的振荡电路，图 6-9 为单结晶体管的振荡波形。

接通电源后，U_{BB} 经 R_P、R_E 给电容 C 充电，U_C 按指数规律增大，当 $U_C = U_P$ 时，单结晶体管导通，R_{B1} 迅速减小，电容通过 R_{B1}、R_1 迅速放电，在 R_1 上形成脉冲波形。当 $U_C = U_V$ 时，单结晶体管截止，放电结束，输出电压降为 0，完成一次振荡。电源再次对电容充电，并重复上述过程。

改变 R_P 的阻值（或电容 C 的大小），可改变电容充电的速度，使输出脉冲提前或移后，从而控制晶闸管触发导通的时刻。R_P 阻值越大，触发脉冲后移，控制角增大，反之控制角减小。

利用单结晶体管的负阻特性和 R_C 的充放电特性，组成频率可调的振荡电路。

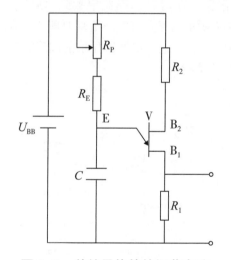

图 6-8　单结晶体管的振荡电路

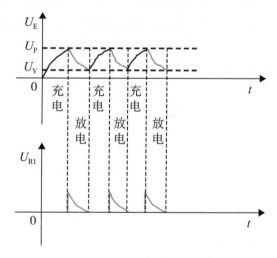

图 6-9　单结晶体管的振荡波形

◇软件仿真◇

一、原理图绘制

进入 Multisim13，从元件库中选择二极管 1N4007、晶闸管、单结晶体管、电阻、灯泡等，并置入对象选择器窗口，再放置到图形编辑窗口，在图形编辑窗口中画好仿真原理图，如图 6-10 所示。

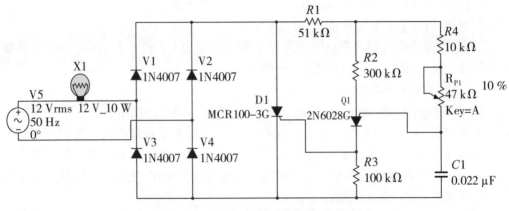

图 6-10　调光台灯电路仿真原理图

二、仿真调试

绘制好电路原理图后，单击"虚拟仪表"按钮，在对象选择器中找到"XMM1（万用表）"，添加到原理图编辑区，按照图 6-11 所示调光台灯电路仿真原理图布置并连接好。按下"仿真"按钮，观察并记录灯泡的状态和记录示波器显示的波形。调节电位器 R_{P1} 观察灯泡的亮度和灯泡两端的电压变化情况。

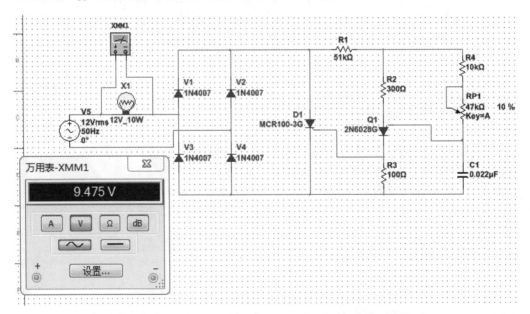

图 6-11　电位器 R_P 调节到 10% 时，灯泡两端的电压

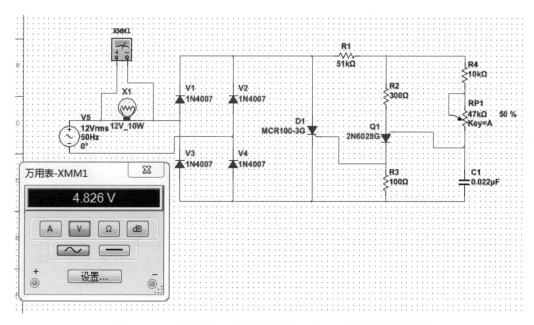

图 6-12 电位器 R_P 调节到 50% 时，灯泡两端的电压

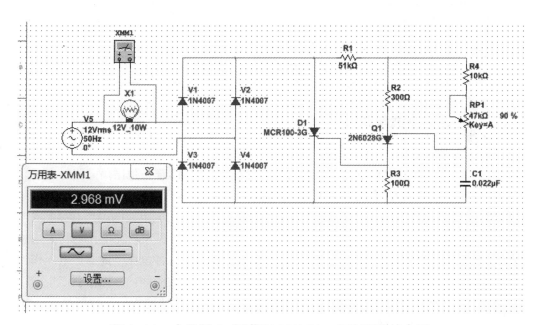

图 6-13 电位器 R_P 调节到 90% 时，灯泡两端的电压

◇**任务实施**◇

一、电路的安装

（1）焊接。在万能板上对元器件进行布局，并依次焊接。焊接时，注意电解电容及三极管的极性。

（2）检查。检查焊点，查看是否有虚焊、漏焊；检查电解电容及三极管的极性，看是否连接正确。

（3）元件清单（表6-1）

表6-1 元件清单

序号	元件名称	规格	数量	序号	元件名称	规格	数量

二、电路的测试与调整

1. 工作原理分析

本电路主要由桥式整流电路、调光控制电路、单结晶体管张弛振荡电路等组成。接通电源前，电容器 C_1 上的电压为零。接通电源后，电容经由 R_4、R_P 充电，电压 V_E 逐渐升高。当达到峰点电压时，E-B1 间导通，电容上电压向电阻放电。当电容上的电压降到谷点电压时，单结晶体管恢复阻断状态。此后，电容又重新充电，重复上述过程，结果会在电容上形成锯齿状电压，在电阻 R_3 上则形成脉冲电压，此脉冲电压作为晶闸管 V_5 的触发信号。在 $V_1 \sim V_4$ 桥式整流输出的每一个半波时间内，振荡器产生的第一个脉冲为有效触发信号。调节 R_P 的阻值，可改变触发脉冲的相位，控制晶闸管 V_5 的导通角，调节灯泡亮度。

2. 调试与排除故障

电路安装完毕，经检查无误后即可通电调试，按表6-2的要求调试、测量数据，并将测量数据填入表6-2中。

表 6-2　调光台灯元器件各点

电压灯泡状态	元器件各点电压						断开交流电源，电位器的电阻值
	U_S			U_T			
	U_A	U_K	U_G	U_{B1}	U_{B2}	U_E	
灯泡最亮时							
灯泡微亮时							
灯泡不亮时							

◇**思考题**◇

1. 晶闸管导通的条件是什么？晶闸管导通后，通过管子阳极的电流大小由哪些因素决定？已经导通的晶闸管在什么条件下才能从导通转为截止？

2. 晶闸管是否有放大作用？它与晶体三极管的放大有何不同？

3. 简述使用万用表判别晶闸管元件的步骤和方法。

4. 在单项半控桥式可控整流电路中，输入电压为交流 220 V，负载电阻为 20 Ω。试求：（1）$\alpha=60°$ 时，输出电压平均值 U_0 和电流平均值 I_0，并选择可控硅和二极管。（2）画出 i_0 电流 i_0 以及可控硅两端电压 u_{SCR} 的波形。

三、总结

本任务使你学习到到哪些知识？积累了哪些经验？填入表 6-3 中，有利于提升自己的技能水平。

表 6-3　工作总结

正确装调方法	
错误装调方法	
总结经验	

四、工作岗位 6S 处理

工作任务全部完成后，关闭工作台总电源，拆下测量线和连接导线，归还借用工具仪器。组员对工作岗位进行"整理、整顿、清扫、清洁、安全、素养"处理。维护和保养测量仪器、仪表，确保其运行在最佳工作状态。

◇任务评价◇

表 6-4　调光台灯装调评价表

| 班级：_____ | | | 指导教师：_____ | | | | |
| 小组：_____　姓名：_____ | | | 日　期：_____ | | | | |

| 评价项目 | 评价标准 | 评价依据 | 评价方式 | | | 权重 | 得分小计 |
			学生自评 15%	小组互评 25%	教师评价 60%		
职业素养	1. 遵守规章制度与劳动纪律 2. 人身安全与设备安全 3. 积极主动完成工作任务 4. 完成任务的时间 5. 工作岗位 6S 处理	1. 劳动纪律 2. 工作态度 3. 团队协作精神				0.3	
专业能力	1. 会使用万用表检测晶闸管的引脚和功能 2. 学会用万用表检测单结晶体管的引脚和功能 3. 能够使用仪器调试电路和快速排除故障	1. 工作原理分析 2. 安装工艺 3. 调试方法和步骤				0.5	
创新能力	1. 电路调试时能提出自己独到的见解或解决方案 2. 能利用晶闸管进行制作各种功能电路 3. 团队能够完成调光台灯电路	1. 调试、分析方案 2. 数字集成电路的灵活使用 3. 团队任务完成情况				0.2	
综合评价	总分						
	教师点评						

第二章 数字电子电路部分

项目 7 三人表决器电路装配与调试

◇教学目标◇

知识目标	技能目标
◆掌握常见的逻辑门电路功能，学会利用组合逻辑电路的分析方法分析三人表决器的电路工作原理 ◆掌握 74LS00、74LS10 集成芯片的引脚功能和使用	◆会使用 Protel DXP 软件进行原理图的绘制和做 PCB 板 ◆会运用 Poteus 仿真三人表决器电路 ◆能对三人表决器电路进行安装与测试 ◆培养独立分析、团队协助、改造创新的能力

◇任务描述◇

本任务是三人表决器，当 A、B、C 三人表决某个提案时，两人或两人以上同意，提案通过，否则提案不通过。用与非门实现电路。

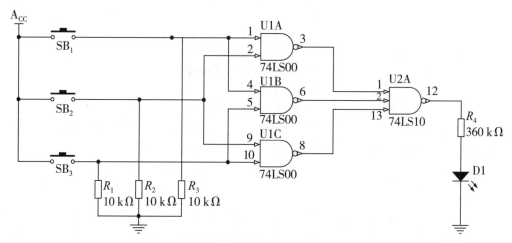

图 7-1 三人表决器原理图

图 7-1 是三人表决器原理图，用发光二极管的状态表示表决结果通过与否，发光二级管点亮时表示表决结果通过，熄灭则表示表决结果不通过。三人 A、B、C 的表决

情况用按钮来实现，按下按钮表示同意，不按则表示不同意。

◇**任务要求**◇

（1）根据电路图设计单面 PCB 板，元器件布局合理，大面积接地。
（2）单面 PCB 板的设计和安装，面积小于 10 cm × 10 cm。
（3）集成电路采用插座安装。

◇**相关知识**◇

一、常见的逻辑门电路

1. 基本门电路

（1）"与"逻辑关系：当决定一事件的所有条件都具备时，事件才发生的逻辑关系。逻辑函数表达式：Y=A·B=AB。"与"逻辑关系、"与"逻辑真值表、"与"逻辑符号分别如图 7-2、图 7-3、图 7-4 所示。

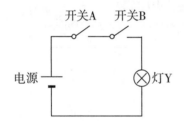

图 7-2　"与"逻辑关系

输入		输出
A	B	Y
0	0	0
0	1	0
1	0	0
1	1	1

图 7-3　"与"逻辑真值表

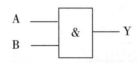

图 7-4　"与"逻辑符号

（2）"或"逻辑关系：决定一事件结果的诸条件中，只要有一个或一个以上条件具备时，事件就会发生的逻辑关系。辑函数表达式：Y=A+B。"或"逻辑关系、"或"逻辑直值表、"或"逻辑符号分别如图 7-5、图 7-6、图 7-7 所示。

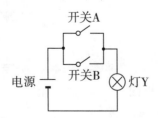

图 7-5　"或"逻辑关系

输入		输出
A	B	Y
0	0	0
0	1	1
1	0	1
1	1	1

图 7-6　"或"逻辑真值表

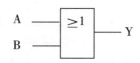

图 7-7　"或"逻辑符号

（3）"非"逻辑关系：只要条件具备，事件便不会发生；条件不具备，事件一定发生的逻辑关系。辑函数表达式：$Y=\overline{A}$。"或"逻辑关系、"或"逻辑直值表、"或"逻辑符号分别如图 7-8、图 7-9、图 7-10 所示。

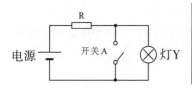

输入	输出
A	Y
0	1
1	0

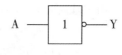

图 7-8　"非"逻辑关系　　图 7-9　"非"逻辑真值表　　图 7-10　"非"逻辑符号

2. 复合门电路

（1）"与非"门：逻辑函数表达式：$Y=\overline{AB}$；逻辑功能：有 0 出 1，全 1 出 0。图 7-11 为"与非"逻辑符号，图 7-12 为"与非"逻辑真值表。

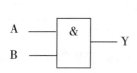

输入		输出
A	B	Y
0	0	1
0	1	1
1	0	1
1	1	0

图 7-11　"与非"逻辑符号　　　　图 7-12　"与非"逻辑真值表

（2）或非"门：逻辑函数表达式：$Y=\overline{A+B}$；逻辑功能：有 0 出 1，全 1 出 0。图 7-13 为"或非"逻辑符号，图 7-14 为"或非"逻辑真值表。

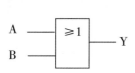

输入		输出
A	B	Y
0	0	1
0	1	1
1	0	1
1	1	0

图 7-13　"或非"逻辑符号　　　　图 7-14　"或非"逻辑真值表

（3）"异或"门：逻辑函数表达式：$Y=A+B$；逻辑功能：相同出 0，不同出 1。图 7-15 为"异或"逻辑符号，图 7-16 为"异或"逻辑真值表。

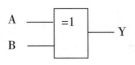

图 7-15　"异或"逻辑符号

输入		输出
A	B	Y
0	0	1
0	1	1
1	0	1
1	1	0

图 7-16　"异或"逻辑真值表

二、芯片 74LS00 和 74LS10 介绍

74LS00 芯片是常用的具有四组 2 输入端的与非门集成电路，74LS10 芯片是常用的具有三组 3 输入端的与非门集成电路，他们的作用都是实现一个与非门。其引脚排列分别如图 7-17 和图 7-18 所示。

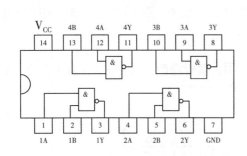

图 7-17　74LS00 引脚排列图

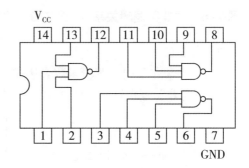

图 7-18　74LS10 引脚列图

三、表决器逻辑电路设计

当 A、B、C 三人表决某个提案时，两人或两人以上同意，提案通过，否则提案不通过。用与非门实现电路。

设 A、B、C 三个人为输入变量，同意提案时用输入 1 表示，不同意时用输入 0 表示；表决结果 Y 为输出变量，提案通过用输出 1 表示，提案不通过用输出 0 表示。由此可列出真值表，如表 7-1 所示。

根据真值表，我们可以写出输出函数的与或表达式，即

$$Y=\overline{A}BC+A\overline{B}C+AB\overline{C}+ABC$$

对上式进行化简，得

$$Y=AB+AC+BC$$

将上式变换成与非表达式为

$$Y=\overline{\overline{AB}+\overline{AC}+\overline{BC}}$$

表 7-1　三人表决器真值

输入			输出
A	B	C	Y
0	0	0	0
0	0	1	0
0	1	0	0
0	1	1	1
1	0	0	0
1	0	1	1
1	1	0	1
1	1	1	1

◇软件仿真◇

一、原理图绘制

进入 Proteus 软件，从元件库中选择 74LS00、74LS10、复位按钮，发光二极管、电阻等，并置入对象选择器窗口，再放置到图形编辑窗口。在图形编辑窗口中画好仿真原理图，如图 7-19 所示。

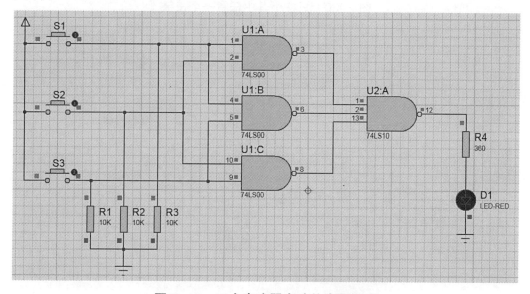

图 7-19　三人表决器电路仿真原理图

二、仿真调试

绘制好原理图后，单击左下脚的"虚拟仿真运行"按钮，观察并记录发光二极管的状态。

（1）按照图 7-20 所示，按下三个按键 S1、S2、S3 中的任意一个，观察发光二极管的状态。

（2）按照图 7-21 所示，按下三个按键 S1、S2、S3 中的任意两个，观察发光二极管的状态。

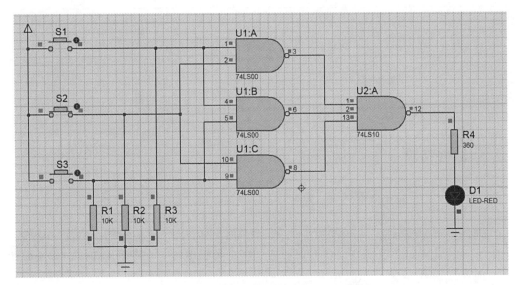

图 7-20　只按下其中任意一个按键

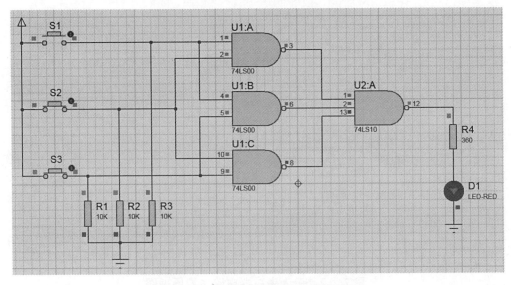

图 7-21　只按下其中任意两个按键

（3）按照图 7-22 所示，按下 S1、S2、S3 三个按键，观察发光二极管的状态。

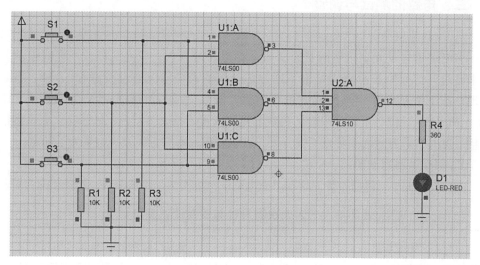

图 7-22 按下三个按键

◇**任务实施**◇

一、电路的安装

（1）焊接。在万能板上对元器件进行布局，并依次焊接。焊接时，注意电解电容及三极管的极性。

（2）检查。检查焊点，看是否有虚焊、漏焊；检查电解电容及三极管的极性，查看是否连接正确。

（3）元件清单（表 7-2）。

表 7-2 元件清单

序号	元件名称	规格	数量	序号	元件名称	规格	数量

二、电路的测试与调整

1. 工作原理分析

本电路通过发光二极管的状态来表示结果通过与否，发光二极管点亮时表示表决结果通过，熄灭则表示表决结果不通过，三人的表决情况通过按键 SB_1、SB_2、SB_3 来实现，按下表示同意，不按则表示不同意。安装完成后，接通 +5 V 电源，按下按键 SB_1、SB_2、SB_3，进行不同的组合，观察发光二极管的亮灭。发光二极管亮，表示多数人同意，表决结果为同意；发光二极管灭，表示多数人不同意，表决结果为不同意。

2. 调试与排除故障

电路安装完毕，经检查无误后即可通电调试，按表 7–3 要求调试、测量数据并填表。

表 7–3　三人表决器设计与安装调试亮灯情况

测试项目	发光二极管的状态
分别按下单只 S1、S2、S3 按钮	
按下 S1、S2，S1、S3，S2、S3 按钮	
按下 S1、S2、S3 按钮	

◇**思考题**◇

1. 为什么与非门的输入端要加下拉电阻？取消下拉电阻可以吗？

2. 为什么发光二极管都要加限流电阻？电路能否不用限流电阻？会出现什么问题？

三、总结

本任务使你学习到了哪些知识？积累了哪些经验？填表 7 — 4 中，有利于提升自己技能水平。

表 7-4 工作总结

正确装调方法	
错误装调方法	
总结经验	

四、工作岗位 6S 处理

工作任务全部完成后，关闭工作台总电源，拆下测量线和连接导线，归还借用工具仪器。组员对工作岗位进行"整理、整顿、清扫、清洁、安全、素养"处理。维护和保养测量仪器、仪表，确保其运行在最佳工作状态。

◇能力拓展◇

本电路只能有三人进行表决，参与人数有限，如果增加参与表决的人，例如需要 5 人来进行表决，只有三人及以上人员同意才算成功，那么电路能否升级改造？为了达到这种效果，请小组成员发挥团队协助精神，设计方案，讨论决策，制定计划实施。

计划一

计划二

◇**任务评价**◇

表 7-5 三人表决器电路装调评价表

班级：_____

小组：_____ 姓名：_____

指导教师：_____

日　　期：_____

评价项目	评价标准	评价依据	评价方式			权重	得分小计
			学生自评 15%	小组互评 25%	教师评价 60%		
职业素养	1. 遵守规章制度与劳动纪律 2. 人身安全与设备安全 3. 积极主动完成工作任务 4. 完成任务的时间 5. 工作岗位 6S 处理	1. 劳动纪律 2. 工作态度 3. 团队协作精神				0.3	
专业能力	1. 学会使用 74LS00、74LS10 与非门的安装与调试 2. 能够使用仪器调试电路和快速排除故障	1. 工作原理分析 2. 安装工艺 3. 调试方法和步骤				0.5	
创新能力	1. 电路调试时能提出自己独到的见解或解决方案 2. 能利用基本门电路和复合门电路制作各种功能电路 3. 团队能完成三人表决器电路	1. 调试、分析方案 2. 数字集成电路的灵活使用 3. 团队任务完成情况				0.2	
综合评价	总分						
	教师点评						

项目 8 抢答器电路装配与调试

◇教学目标◇

知识目标	技能目标
◆掌握 74LS48 译码器的引脚功能和使用，会分析抢答器电路的工作原理 ◆掌握 74LS373 的锁存功能和使用 ◆了解 74LS147 编码器的原理	◆会运用 Proteus 仿真抢答器电路 ◆能对抢答器电路进行安装与测试 ◆培养独立分析、团队协助、改造创新的能力

◇任务描述◇

抢答器作为一种工具，已广泛应用于各种智力和知识竞赛场合。当今的社会竞争日益激烈，选拔人才、评选优胜、知识竞赛时活动愈加频繁，进行这些活动必然离不开抢答器。抢答器通过抢答者的按键、数码显示等，能准确、公正、直观地判断出优先抢答者。图 8-1 是一个简易 8 路抢答器电路图，接通电源，即开始抢答后，当选手按下抢答键时，会显示选手的编号，同时能封锁输入电路，禁止其他选手抢答。

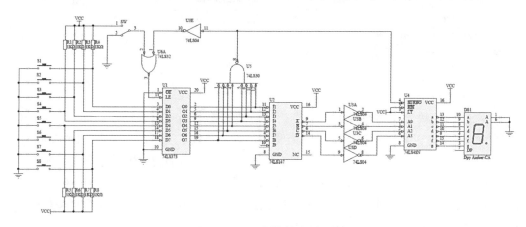

图 8-1 8 路抢答器电路图

◇任务要求◇

（1）复位按键和上拉电阻均匀布局，其他元器件走线合理。

（2）根据电路图，利用 Protel DXP 2004 软件设计单面 PCB 板，元器件布局合理，大面积接地。

（3）单面 PCB 板设计和安装，面积小于 20 cm × 10 cm。

（4）所有元件贴地板安装，集成电路采用插座安装，开关 SW 安装在方便调节的位置。

◇相关知识◇

一、74LS373 锁存器

74LS373 是一款常用的地址锁存器芯片，由 8 个并行的、带三态缓冲输出的 D 触发器构成。74LS373 管脚图如图 8-2 所示。

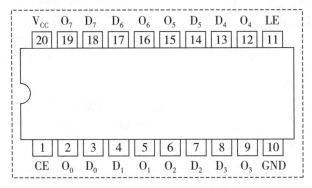

图 8-2　74LS373 管脚图

D0~D7：数据输入端；

OE：三态允许控制端（低电平有效）；

LE：锁存允许端；

Q0~Q7：输出端。

74LS373 的输出端为 Q0~Q7，可直接与总线相连。当三态允许控制端 OE 为低电平时，Q0~Q7 为正常逻辑状态，可用来驱动负载或总线。当 OE 为高电平时，Q0~Q7 呈高阻态，即不驱动总线，也不为总线的负载，锁存器内部的逻辑操作不受影响。当锁存允许端 LE 为高电平时，Q 随数据 D 的变化而变。化当 LE 为低电平时，Q0~Q7 被锁存在已建立的数据电平上。输出端可以直接连接到 CMOS、NMOS 和 TTL 接口上。74LS373 的真值表如表 8-1 所示。

表 8-1　74LS373 真值表

输入	锁存允许端	三态允许控制端	输出 / 功能
D_n	LE	OE	Q_n
0	1	0	0
0	1	0	0
×	0	0	Q0（锁存）
×	×	1	高阻状态

二、74LS147 10 线 –4 线编码器

74LS147 是一个 10 线 –4 线 8421BCD 码优先编码器。其中第 9 脚 NC 为空，74LS147 优先编码器有 9 个输入端和 4 个输出端，某个输入端为 0，代表输入某一个十进制数。当 9 个输入端全为 1 时，代表输入的是十进制数为 0；4 个输出端反映输入十进制数的 BCD 码编码输出。

74LS147 优先编码器的输入端和输出端都是低电平有效，即当某一个输入端为低电平 0 时，4 个输出端就以低电平 0 输出对应的 8421BCD 编码；当 9 个输入全为 1 时，4 个输出也全为 1，代表输入十进制数 0 的 8421BCD 编码输出。74LS147 引脚图如图 8-3 所示，真值表如表 8-2 所示。

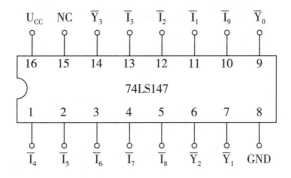

图 8-3　74LS147 引脚图

表 8-2　10 线 -4 线编码器真值表

输入										输出			
$\overline{I}_9$	$\overline{I}_8$	$\overline{I}_7$	$\overline{I}_6$	$\overline{I}_5$	$\overline{I}_4$	$\overline{I}_3$	$\overline{I}_2$	$\overline{I}_1$	$\overline{I}_0$	$\overline{Y}_3$	$\overline{Y}_2$	$\overline{Y}_1$	$\overline{Y}_0$
0	×	×	×	×	×	×	×	×	×	0	1	0	1
1	0	×	×	×	×	×	×	×	×	0	1	1	1
1	1	0	×	×	×	×	×	×	×	1	0	0	0
1	1	1	0	×	×	×	×	×	×	1	0	0	1
1	1	1	1	0	×	×	×	×	×	1	0	1	0
1	1	1	1	1	0	×	×	×	×	1	0	1	1
1	1	1	1	1	1	0	×	×	×	1	1	0	0
1	1	1	1	1	1	1	0	×	×	1	1	0	1
1	1	1	1	1	1	1	1	0	×	1	1	1	0
1	1	1	1	1	1	1	1	1	0	1	1	1	1

三、74LS48 译码器

74LS48 是用于驱动 LED（数码管）显示器的 BCD 码 - 七段码译码器。其特点为：具有 BCD 转换、消隐和锁存控制、七段译码及驱动功能的 CMOS 电路，能提供较大的拉电流，可直接驱动 LED 显示器。其引脚排列如图 8-4 所示。

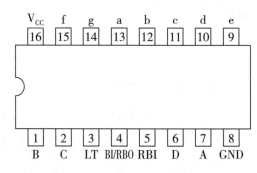

图 8-4　74LS48 引脚图

A~D：译码地址输入端；

BI /RBO：消隐输入（低电平有效）/ 脉冲消隐输出（低电平有效）；

LT：灯测试输入端（低电平有效）；

RBI：脉冲消隐输入端（低电平有效）；

a~g：段码输出端；

其中，A、B、C、D 接口为 BCD 码输入端，A 为最低位。LT 为灯测试端，加高电平时，显示器正常显示；加低电平时，显示器一直显示数码"8"，各笔段都被点亮，以检查显示器是否有故障。BI 为消隐功能端，低电平时使所有笔段均消隐，正常显示时，B1 端应加高电平。LE 是锁存控制端，高电平时锁存，低电平时传输数据。a~g 是

7 段输出，可驱动共阴板 LED 数码管。另外，显示数字"6"时，a 段消隐；显示数字"9"时，d 段消隐，所以显示 6、9 这两个数时，字形不太美观。真值表如表 8-3 所示。

表 8-3　74LS48 真值表

十进数或功能	输入			BI/RB0	输出							显示值
	LT	RBI	D C B A		a	b	c	d	e	f	g	
0	H	H	0 0 0 0	H	1	1	1	1	1	1	0	
1	H	×	0 0 0 1	H	0	1	1	0	0	0	0	
2	H	×	0 0 1 0	H	1	1	0	1	1	0	1	
3	H	×	0 0 1 1	H	1	1	1	1	0	0	1	
4	H	×	0 1 0 0	H	0	1	1	0	0	1	1	
5	H	×	0 1 0 1	H	1	0	1	1	0	1	1	
6	H	×	0 1 1 0	H	0	0	1	1	1	1	1	
7	H	×	0 1 1 1	H	1	1	1	0	0	0	0	
8	H	×	1 0 0 0	H	1	1	1	1	1	1	1	
9	H	×	1 0 0 1	H	1	1	1	0	0	1	1	
10	H	×	1 0 1 0	H	0	0	0	1	1	0	1	
11	H	×	1 0 1 1	H	0	0	1	1	0	0	1	
12	H	×	1 1 0 0	H	0	1	0	0	0	1	1	
13	H	×	1 1 0 1	H	1	0	0	1	0	1	1	
14	H	X	1 1 1 0	H	0	0	0	1	1	1	1	
15	H	×	1 1 1 1	H	0	0	0	0	0	0	0	
BI	×	×	× × × ×	L	0	0	0	0	0	0	0	
RBI	H	L	0 0 0 0	H	0	0	0	0	0	0	0	
LT	L	×	× × × ×	H	1	1	1	1	1	1	1	

由 74LS48 真值表可获知，74LS48 所具有如下逻辑功能：

（1）7 段译码功能（LT=1，RBI=1）。

在灯测试输入端（LT）和动态灭零输入端（RBI）都连接无效电平时，输入 DCBA，经 7448 译码，输出高电平有效的 7 段字符显示器的驱动信号，显示相应字符。除 DCBA = 0000 外，RBI 也可以接低电平，见表 8-3 中 1~16 行。

（2）消隐功能（BI=0）。

BI/RBO端作为输入端，该端输入低电平信号时，如表8-3中倒数第3行所示，无论LT和RBI输入什么电平信号，不管输入DCBA处于什么状态，输出全为0，7段显示器熄灭。该功能主要用于多显示器的动态显示。

（3）灯测试功能（LT = 0）。

BI/RBO端作为输出端，该端输入低电平信号时，如表8-3中最后一行所示，此时与DCBA输入无关，输出全为1，显示器7个字段都被点亮。该功能用于7段显示器测试，判别是否有损坏的字段。

（4）动态灭零功能（LT=1，RBI=1）。

BI/RBO端作为输出端，LT端输入高电平信号，RBI端输入低电平信号，若此时DCBA = 0000，如表8-3中倒数第2行所示，输出全为0，显示器熄灭，不显示这个零。DCBA ≠ 0，则对显示无影响。该功能主要用于多个7段显示器同时显示时熄灭高位的零。

◇软件仿真◇

一、原理图绘制

进入proteus，从元件库中选择74LS273锁存器、74HC147 10线 –4线编码器、74LS48译码器、74LS04反相器、74LS32或门，74LS30与非门、数码管、按键、电阻等，并置入元器件显示窗口，再放置到图形编辑窗口，在图形编辑窗口中画好原理图。仿真原理图如图8-5所示。

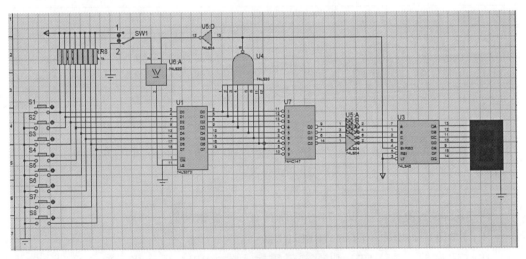

图8-5　抢答器电路仿真原理图二、仿真调试

二、仿真调试

电路原理图绘制完成后,单击"仿真工具栏"按钮,电路开始运行测试电路。将开关 SW1 置于"1"位置,顺序按下相应按键,观察数码管的显示情况;将开关 SW1 置于"2"位置,顺序按下相应按键,观察数码管的显示情况。

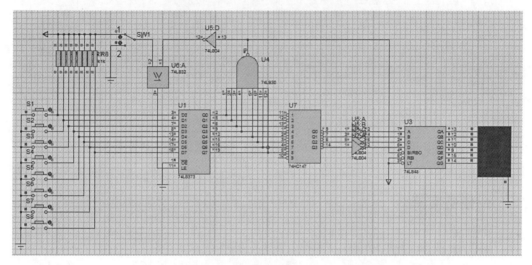

图 8-6　按下 S6 按键后释放按键,数码管不显示

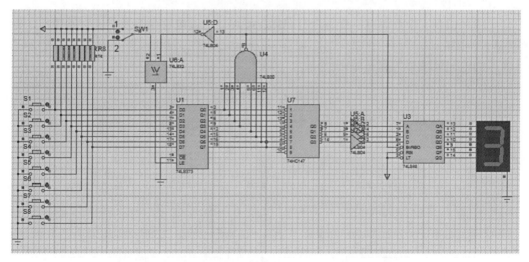

图 8-7　按下 S3 按键后释放按键,数码管仍显示 3

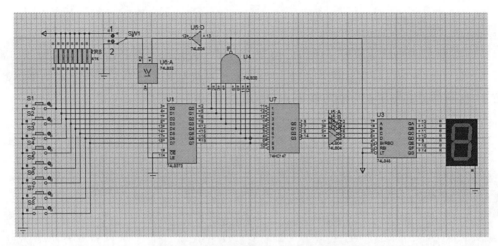

图 8-8　按下 S8 按键后释放按键，数码管仍显示 8 任务实施

◇**任务实施**◇

一、电路的安装

（1）焊接。在万能板上对元器件进行布局，并依次焊接。焊接时，注意电解电容及三极管的极性。

（2）检查。检查焊点，看是否有虚焊、漏焊；检查电解电容及三极管的极性，查看是否连接正确。

（3）元件清单（表 8-4）

表 8-4　元件清单

序号	元件名称	规格	数量	序号	元件名称	规格	数量

二、电路的测试与调整

1. 工作原理分析

本电路主要由按键电路、锁存器、编码电路、译码器和数码管显示电路组成。

接通电源后，主持人将开关拨到"清除"状态，抢答器处于禁止状态，编号显示器灯灭。主持人将开关置于"开始"状态，宣布"开始"，抢答器工作。选手在抢答时，优先判断、编号锁存、编号显示。如果再次抢答必须由主持人再次操作"清除"和"开始"状态开关。

抢答器的主要功能如下：

（1）抢答器同时供 8 名选手或 8 个代表队比赛，分别用 8 个按钮 S1~S8 表示。

（2）设置一个系统清除和抢答控制开关 SW，该开关由主持人控制。

（3）抢答器具有锁存与显示功能，即选手按下按钮，锁存相应的编号，并在 LED 数码管上显示。选手抢答实行优先锁存，优先抢答选手的编号一直保持到主持人将系统清除为止。

2. 调试与排除故障

电路安装完毕，经检查无误后即可通电调试，按表 8–5 的要求调试、测量数据，并将测量数据填入表 8–5 中。

表 8–5 抢答器调试情况

测试项目	分析并说明原理
开关 SW1 拨到"1"处，按下任意按键，观察现象	
开关 SW1 拨到 2 处，按下任意按键，观察现象	

◇**思考题**◇

1. 简述 74LS373 锁存器是如何进行数据锁存的。

2. 74LS48 的 4 脚都是什么脚？如果悬空，电路会出现什么问题？

三、总结

本任务使你学习到了哪些知识？积累了哪些经验？填入表 8-6 中，有利于提升自己的技能水平。

表 8-6　工作总结

正确装调方法	
错误装调方法	
总结经验	

四、工作岗位 6S 处理

工作任务全部完成后，关闭工作台总电源，拆下测量线和连接导线，归还借用工具仪器。组员对工作岗位进行"整理、整顿、清扫、清洁、安全、素养"处理。维护和保养测量仪器、仪表，确保其运行在最佳工作状态。

◇能力拓展◇

本电路只能实现 8 路抢答，没有抢答提示音和抢答倒计时，效果单一。若需要这些效果，电路能否升级改造？为了实现多种效果，请小组成员发挥团队协助精神，上网查阅相关资料，讨论决策，制定计划实施。

◇**任务评价**◇

表 8-7　抢答器装调评价表

| 班级：_____ | | 指导教师：_____ | | | | |
| 小组：_____　姓名：_____ | | 日　　期：_____ | | | | |

评价项目	评价标准	评价依据	评价方式			权重	得分小计
			学生自评 15%	小组互评 25%	教师评价 60%		
职业素养	1. 遵守规章制度与劳动纪律 2. 人身安全与设备安全 3. 积极主动完成工作任务 4. 完成任务的时间 5. 工作岗位 6S 处理	1. 劳动纪律 2. 工作态度 3. 团队协作精神				0.3	
专业能力	1. 掌握 74LS48 和 74LS147 的功能和使用 2. 能熟练制作抢答器的 PCB 板，元器件装配达标 3. 能够使用仪器调试电路和快速排除故障 4. 测量数据精度高	1. 工作原理分析 2. 安装工艺 3. 调试方法和步骤 4. 测量数据准确性				0.5	
创新能力	1. 电路调试时能提出自己独到的见解或解决方案 2. 能利用 74LS48 集成电路制作各种功能电路 3. 团队能完成多路抢答器	1. 调试、分析方案 2. 数字集成电路的灵活使用 3. 团队任务完成情况				0.2	
综合评价	总分						
	教师点评						

项目 9 数码显示电路装配与调试

◇教学目标◇

知识目标	技能目标
◆掌握 74LS240 引脚的功能和使用，会分析电路的工作原理 ◆掌握 74LS08 引脚的功能和使用，会分析电路的工作原理 ◆掌握 AT89S52 单片机的引脚功能和编程方法 ◆理解数码管的静态显示和动态显示原理	◆能查阅 74LS240、74LS08 集成芯片应用电路的相关资料 ◆会运用 Proteus 仿真数码管显示电路 ◆能对数码管显示电路进行安装与测试 ◆培养独立分析、团队协助、改造创新的能力

◇任务描述◇

数码管显示电路经常应用在一些广告宣传或家用电器等设备上，它可以显示 0~9 相应的数字，显示效果明显方便，被广泛应用于我们的生活中。图 9-1 是一个 6 位数

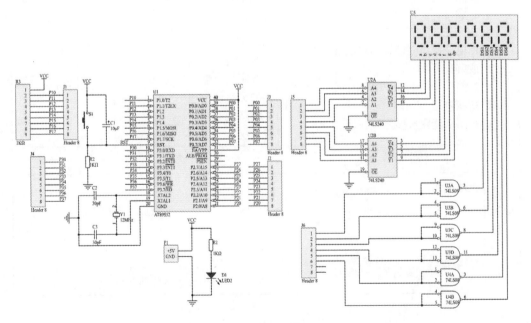

图 9-1 数码管显示电路图

码管显示电路图，通过单片机编程来实现数码管的显示功能，电路结构和软件编程简单易懂。

◇任务要求◇

（1）通过单片机编程来实现数码管 0~9 的循环显示。

（2）根据电路图设计单面 PCB 板，元器件布局合理，大面积接地。

（3）单面 PCB 板的设计和安装，面积小于 20 cm × 10 cm。

◇相关知识◇

一、AT89S52 单片机

AT89S52 是一种低功耗、高性能 CMOS8 位微控制器，具有 8 K 系统可编程 Flash 存储器。其使用 Atmel 公司高密度、非易失性存储器技术制造，与工业 80C51 产品指令和引脚完全兼容。片上 Flash 允许程序存储器在系统可编程，亦适于常规编程器。在单芯片上，拥有灵巧的 8 位 CPU 和在系统可编程 Flash，使得 AT89S52 为众多嵌入式控制应用系统提供高灵活、超有效的解决方案。AT89S52 具有以下标准功能：8 K 字节 Flash，256 字节 RAM，32 位 I/O 口线，看门狗定时器，2 个数据指针，三个 16 位定时器 / 计数器，一个 6 向量 2 级中断结构，全双工串行口。另外，AT89S52 可降至 0 Hz 静态逻辑操作，支持两种软件可选择节电模式。空闲模式下，CPU 停止工作，允许 RAM、定时器 / 计数器、串口、中断继

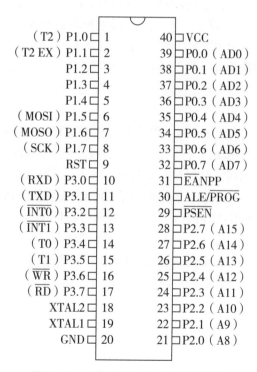

图 9-2　AT89S52 单片机引脚图

续工作。掉电保护方式下，RAM 内容被保存，振荡器被冻结，单片机一切工作停止，直到下一个中断或硬件复位为止。图 9-2 为 AT89S52 单片机引脚图。

P0 口是一个 8 位漏极开路的双向 I/O 口。作为输出口，每位能驱动 8 个 TTL 逻辑电平。对 P0 端口写"1"时，引脚用作高阻抗输入。当访问外部程序和数据存储器时，P0 口也被作为低 8 位地址 / 数据复用。在这种模式下，P0 不具有内部上拉电阻。

在 Flash 编程时，P0 口也用来接收指令字节；在程序校验时，输出指令字节。程序校验时，需要外部上拉电阻。

P1 口是一个具有内部上拉电阻的 8 位双向 I/O 口，P1 口输出缓冲器能驱动 4 个 TTL 逻辑电平。此外，P1.0 口和 P1.1 口分别作为定时器 / 计数器 2 的外部计数输入（P1.0/T2）和定时器 / 计数器 2 的触发输入（P1.1/T2EX）。在 Flash 编程和校验时，P1 口接收低 8 位地址字节。

P2 口是一个具有内部上拉电阻的 8 位双向 I/O 口，P2 口输出缓冲器能驱动 4 个 TTL 逻辑电平。对 P2 端口写"1"时，内部上拉电阻把端口拉高，此时可以作为输入口使用。作为输入口使用时，被外部拉低的引脚由于内部电阻的原因，会输出电流（I_{IL}）。在访问外部程序存储器或用 16 位地址读取外部数据存储器（如执行 MOVX @DPTR）时，P2 口送出高 8 位地址。在这种应用中，P2 口使用很强的内部上拉发送 1。在使用 8 位地址（如 MOVX @RI）访问外部数据存储器时，P2 口输出 P2 锁存器的内容。在 Flash 编程和校验时，P2 口也接收高 8 位地址字节和一些控制信号。

P3 口是一个具有内部上拉电阻的 8 位双向 I/O 口，P3 口输出缓冲器能驱动 4 个 TTL 逻辑电平。P3 口亦可作为 AT89S52 的特殊功能（第二功能）使用。在 Flash 编程和校验时，P3 口也接收一些控制信号。

RST：复位输入。当振荡器工作时，RST 引脚出现两个机器周期以上的高电平将使单片机复位。

ALE/PROG：程序储存允许（PSEN）输出是外部程序存储器的读选通信号，当 AT89S52 由外部程序存储器取指令（或数据）时，每个机器周期两次 PSEN 有效，即输出两个脉冲。在此期间，当访问外部数据存储器，将跳过两次 PSEN 信号。

EA/VPP：外部访问允许，欲使 CPU 仅访问外部程序存储器（地址为 0000H~FFFFH），EA 端必须保持低电平（接地）。需注意的是：如果加密位 LB1 被编程，复位时内部会锁存 EA 端状态。如 EA 端为高电平（接 V_{CC} 端），CPU 则执行内部程序存储器的指令。Flash 存储器编程时，该引脚加上 +12 V 的编程允许电源 V_{pp}，前提是该器件是使用 12 V 编程电压 V_{pp}。图 9–3 为 AT89S52 单片机最小系统图。

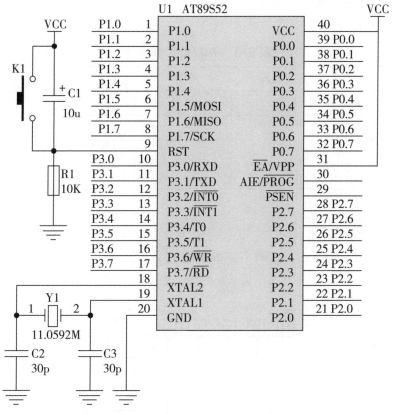

图 9-3　AT89S52 单片机最小系统图

二、74LS240

74LS240 是 8 反相缓冲器 / 线驱动器，也就是一片芯片上，有 8 路（个）反相缓冲器 / 线驱动器，其引脚如图 9-4 所示。其真值表如表 9-1 所示。反相的意思是当输入是高电平时，输出就是低电平，当输入是低电平时，输出就是高电平。因为其芯片

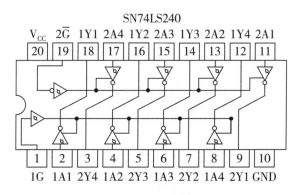

图 9-4　引脚图

上有三态门，数据可在使用时打开三态门，所以其可作为缓冲器。线驱动器，有三态门，驱动能力强，可用于总线上驱动用。

表 9-1　74LS240 真值表

输入		输出
1G，2G	A	Y
0	0	1
0	1	0
1	X	Z

三、74LS08

74LS08 是 4 二输入与门，即一片 74LS08 芯片内共有四路两个输入端的与门。逻辑表达式为：$Y=AB$。图 9-5 所示为其引脚图，表 9-2 为表 74LS08 真值表。

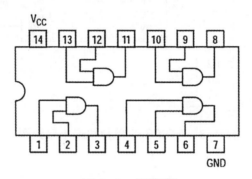

图 9-5　引脚图

表 9-2　74LS08 真值表

输入		输出
A	B	Y
0	0	0
0	1	0
1	0	0
1	1	1

四、数码管

数码管，也称 LED 数码管，是一种可以显示数字和其他信息的电子设备，图 9-6 为 LED 数码管引脚定义。按发光二极管单元连接方式可分为共阳极数码管和共阴极数码管。

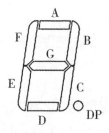

图 9-6 LED 数码管引脚定义

共阳极数码管（图 9-7）是指将所有发光二极管的阳极接到一起，形成公共阳极（COM）的数码管。共阳极数码管在应用时应将公共极 COM 接到 +5 V，当某一字段发光二极管的阴极为低电平时，相应字段就被点亮；当某一字段的阴极为高电平时，相应字段就不亮。

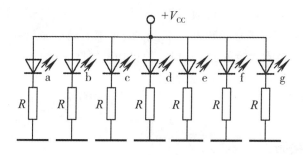

图 9-7 共阳极数码管

共阴极数码管（图 9-8）是指将所有发光二极管的阴极接到一起形成公共阴极（COM）的数码管。共阴极数码管在应用时应将公共极 COM 接到地线 GND 上，当某一字段发光二极管的阳极为高电平时，相应字段就被点亮；当某一字段的阳极为低电平时，相应字段就不亮。

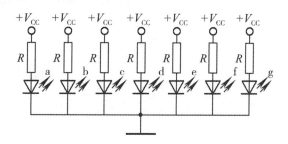

图 9-8 共阴极数码管

数码管要正常显示，就要用驱动电路来驱动数码管的各个段码，从而显示出我们要的数字。因此根据数码管驱动方式的不同，可以分为静态驱动和动态驱动两种。

静态驱动也称直流驱动。静态驱动是指每个数码管的每一个段码都由一个单片机的I/O端口进行驱动，或者使用如BCD码二－十进制译码器译码进行驱动。静态驱动的优点是编程简单、显示亮度高；缺点是占用I/O端口多，如驱动5个数码管静态显示，则需要5×8=40根I/O端口来驱动，要知道一个89S51单片机可用的I/O端口才只有32个，实际应用时，必须增加译码驱动器进行驱动，从而增加了硬件电路的复杂性。

动态显示接口是单片机中应用最为广泛的一种显示方式之一。动态驱动是将所有数码管的8个显示笔划"a，b，c，d，e，f，g，dp"的同名端连在一起，另外为每个数码管的公共极COM增加位选通控制电路，位选通由各自独立的I/O线控制。当单片机输出字形码时，所有数码管都接收到相同的字形码，但究竟是由哪个数码管显示出字形，取决于单片机对位选通COM端电路的控制。所以，我们只要将需要显示的数码管的选通控制打开，该位就会显示出字形，没有选通的数码管就不会发亮。通过分时轮流控制各个数码管的COM端，就使各个数码管轮流受控显示，这就是动态驱动。在轮流显示过程中，每位数码管的点亮时间为1~2 ms，由于人的视觉暂留现象及发光二极管的余辉效应，尽管实际上各位数码管并非同时点亮，但只要扫描的速度足够快，给人的印象就是一组稳定的显示数据，不会有闪烁感。动态显示的效果和静态显示的效果是一样的，能够节省大量的I/O端口，而且功耗更低。

◇软件仿真◇

一、原理图绘制

进入Proteus，从元件库中选择AT89S52单片机、74LS240反相器、74LS08与门数码管、电阻等，并置入元器件显示窗口，再放置到图形编辑窗口。在图形编辑窗口中画好仿真原理图。仿真原理图如图9-9所示。

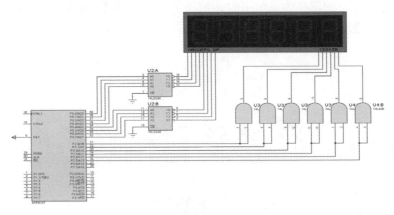

9-9 数码管显示电路原理图仿真

二、仿真调试

双击"AT89S52 单片机"，在弹出的对话框中找到"Program File"，添加已经编写的程序文件，如图 9-10 所示。按下"仿真"按钮，观察并记录数码管的显示状态如图 9-11 所示。

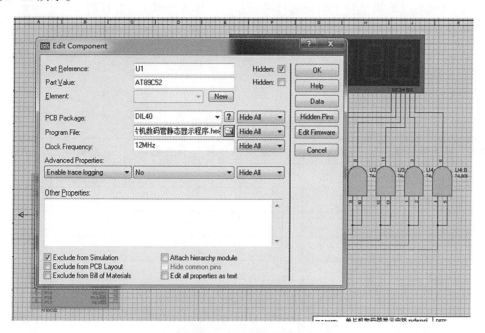

9-10　数码管显示电路原理图仿真（1）

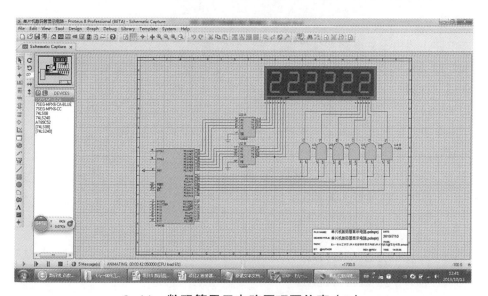

9-11　数码管显示电路原理图仿真（2）

◇**任务实施**◇

一、电路的安装

（1）焊接。在万能板上对元器件进行布局，并依次焊接。焊接时，注意电解电容及三极管的极性。

（2）检查。检查焊点，看是否有虚焊、漏焊；检查电解电容及三极管的极性，查看是否连接正确。

（3）元件清单（表9-3）。

表 9-3　元件清单

序号	元件名称	规格	数量	序号	元件名称	规格	数量

二、电路的测试与调整

1. 工作原理分析

本电路主要由硬件电路和软件设计两部分组成。

程序如下：

```
ORG 0000H
LJMP MAIN
// 主程序，显示数字 0~9//
MAIN：
        //6 个数码管显示，显示数字 0//
        MOV P2, #11000000B
        MOV P0, #11000000B
        ACALL DEY
        MOV P0, #11111111B
        MOV P2, #11111111B
        ACALL DEY
        //6 个数码管显示，显示数字 1//
```

```
MOV P2，#11000000B
MOV P0，#11111001B
ACALL DEY
MOV P0，#11111111B
MOV P2，#11111111B
ACALL DEY
//6 个数码管显示，显示数字 2//
MOV P2，#11000000B
MOV P0，#10100100B
ACALL DEY
MOV P0，#11111111B
MOV P2，#11111111B
ACALL DEY
//6 个数码管显示，显示数字 3//
MOV P2，#11000000B
MOV P0，#10110000B
ACALL DEY
MOV P0，#11111111B
MOV P2，#11111111B
ACALL DEY
//6 个数码管显示，显示数字 4//
MOV P2，#11000000B
MOV P0，#10011001B
ACALL DEY
MOV P0，#11111111B
MOV P2，#11111111B
ACALL DEY
//6 个数码管显示，显示数字 5//
MOV P2，#11000000B
MOV P0，#10010010B
ACALL DEY
MOV P0，#11111111B
MOV P2，#11111111B
ACALL DEY
//6 个数码管显示，显示数字 6//
MOV P2，#11000000B
MOV P0，#10000010B
```

```
        ACALL DEY
        MOV P0，#11111111B
        MOV P2，#11111111B
        ACALL DEY
        //6 个数码管显示，显示数字 7//
        MOV P2，#11000000B
        MOV P0，#11111000B
        ACALL DEY
        MOV P0，#11111111B
        MOV P2，#11111111B
        ACALL DEY
        //6 个数码管显示，显示数字 8//
        MOV P2，#11000000B
        MOV P0，#10000000B
        ACALL DEY
        MOV P0，#11111111B
        MOV P2，#11111111B
        ACALL DEY
        //6 个数码管显示，显示数字 9//
        MOV P2，#11000000B
        MOV P0，#10010000B
        ACALL DEY
        MOV P0，#11111111B
        MOV P2，#11111111B
        ACALL DEY

        JMP MAIN// 循环

        // 延时子程序，延时 1 s//
        DEY:MOV R5，#05H
        D1:MOV R6，#0FFH
        D2:MOV R7，#0FFH
        D3:DJNZ R7，D3
        DJNZ R6，D2
        DJNZ R5，D1
        RET
        END  //结束
```

2. 调试与排除故障

电路安装完毕，经检查无误后即可通电调试，按表要求调试、测量数据并填表。

◇**思考题**◇

如果在调试时发生以下故障，请分析原因，写出排除故障的方法。

1. 数码管没有正常显示相应的数据。

2. 为什么所有的数码管都显示同一个数字？

三、总结

本任务使你学习到了哪些知识？积累了哪些经验？填入表 9-4 中，有利于提升自己的技能水平。

表 9-4 工作总结

正确装调方法	
错误装调方法	
总结经验	

四、工作岗位 6S 处理

工作任务全部完成后，关闭工作台总电源，拆下测量线和连接导线，归还借用工具仪器。组员对工作岗位进行"整理、整顿、清扫、清洁、安全、素养"处理。维护和保养测量仪器、仪表，确保其运行在最佳工作状态。

◇**能力拓展**◇

本电路的所有数码管只能循环显示数字 0~9，效果单一，若需要每个数码管显示不同的数字效果，应该如何编程来实现？为了达到这种显示效果，请小组成员发挥团队协助精神，积极思考，赶快讨论决策，制定计划实施。

◇**任务评价**◇

表 9-5　数码管显示电路评价表

班级：＿＿＿＿＿＿＿　　小组：＿＿＿＿＿　姓名：＿＿＿＿＿		指导教师：＿＿＿＿＿＿＿　日　　期：＿＿＿＿＿＿＿					
评价项目	评价标准	评价依据	评价方式			权重	得分小计
			学生自评 15%	小组互评 25%	教师评价 60%		
职业素养	1. 遵守规章制度与劳动纪律 2. 人身安全与设备安全 3. 积极主动完成工作任务 4. 完成任务的时间 5. 工作岗位 6S 处理	1. 劳动纪律 2. 工作态度 3. 团队协作精神				0.3	
专业能力	1. 掌握 Proteus 的功能和使用 2. 能够使用仪器调试电路和快速排除故障 3. 能够进行相应编程软件的使用和下载程序	1. 工作原理分析 2. 安装工艺 3. 调试方法和步骤 4. 测量数据准确性				0.5	
创新能力	1. 电路调试时能提出自己独到的见解或解决方案 2. 能利用 Proteus 软件进行电路仿真测试 3. 团队能完成数码管显示操作	1. 调试、分析方案 2. 数字集成电路的灵活使用 3. 团队任务完成情况				0.2	
综合评价	总分						
	教师点评						

项目 10 十位 LED 循环流水灯设计

◇教学目标◇

知识目标	技能目标
◆掌握 CD4017 的引脚功能和使用，会分析流水灯电路工作原理 ◆掌握 NE555 的引脚功能和使用 ◆了解 NE555 振荡电路的应用原理，并能计算相关参数	◆能用万用表对二极管、电容等元件进行检测 ◆能查阅 CD4017、NE555 集成芯片应用电路的相关资料 ◆会运用 Multisim14 仿真流水灯电路 ◆能对流水灯电路进行安装与测试 ◆培养独立分析、团队协助、改造创新的能力

◇任务描述◇

循环流水灯经常应用在一些广告宣传或灯光装饰场合，流动的发光效果比较吸引人的注意。图 10-1 是一个 10 路循环流水灯电路，通电后，10 个发光二级管被循环点亮，点亮速度可以通过电位器进行调节。

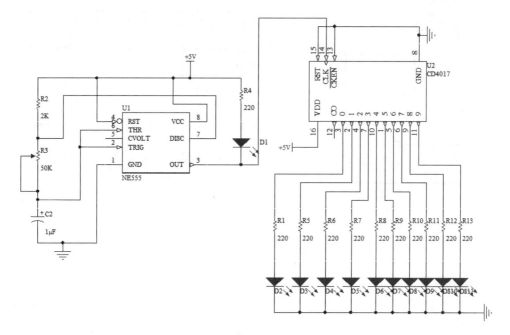

图 10-1 循环流水灯电路图

◇任务要求◇

（1）10个发光二极管安装位置设计成一闭合环形，循环点亮效果明显。

（2）根据电路图，设计单面PCB板，元器件布局合理，大面积接地。

（3）单面PCB板的设计和安装，面积小于10 cm × 10 cm。

（4）发光二极管高度一致，集成电路采用插座安装，电位器安装在方便调节的位置。

◇相关知识◇

一、NE555 振荡器

利用NE555可组成多谐振荡器，电路图和波形图如图10-2所示。6脚和2脚并联接在定时电容C上，电源接通后，V_{CC}通过电阻R_1、R_2向电容C充电。刚通电瞬间，电容C的电压不会突变，电压从0 V逐步上升，当电容电压V_C达到2/3V_{CC}时，阀值输入端6脚触发，U_0为低电平，7脚内部放电管导通，电容C通过R_2放电；当电容电压V_C低于1/3V_{CC}时，2脚触发，U_0为高电平，7脚内部放电管截止，电容C放电终止、重新开始充电。周而复始，形成振荡，在3脚输出一定频率的高低电平振荡信号。振荡周期与充放电的时间有关。

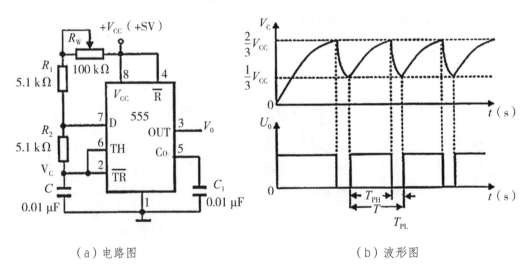

（a）电路图　　　　　　　　　　　（b）波形图

图10-2　NE555振荡器电路图和波形图

振荡周期：

$$T=t_{PH}+t_{PL} \approx 0.7（R_1+2R_2）C \tag{10-1}$$

振荡频率：

$$f=1/T=\frac{1}{t_{PH}+t_{PL}} \approx \frac{1.43}{（R_1+2R_2）C} \tag{10-2}$$

占空系数：

$$P = \frac{t_{PH}}{T} = \frac{R_1 + R_2}{R_1 + 2R_2} \qquad (10-3)$$

由以上分析可知：

（1）电路振荡周期 T 只与外接元件 R_1、R_2 和 C 有关，不受电源电压变化的影响。

（2）改变 R_1、R_2 即可改变占空系数，其值可在较大范围内调节。

（3）改变 C 的数值，可单独改变周期，而不影响占空系数。

（4）本电路复位端④接高电平时，一直保持振荡；当接低电平时，电路停振。

二、CD4017 十进制计数 / 脉冲分配器

CD4017 是一块 5 位约翰逊计数器，具有 10 个译码输出端。

约翰逊（Johnson）计数器又称扭环计数器，是一种用 n 位触发器来表示 $2n$ 个状态的计数器。它价格低廉，广泛使用在数据计算、信号分配等电路中。它提供 16 个引脚多层陶瓷双列直插（D）、熔封陶瓷双列直插（J）、塑料双列直插（P）和陶瓷片状载体（C）4 种封装形式。常用塑料双列直插式 16 脚封装，引脚功能如图 10-3 所示。

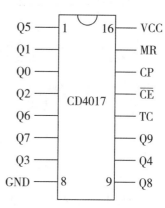

图 10-3 CD4017 引脚功能

各引脚功能说明如下：

（1）TC：级联进位输出端，每输入 10 个时钟脉冲，就可得到一个进位输出脉冲，因此 7 进位输出信号可作为下一级计数器的时钟信号。

（2）CP：时钟输入端，脉冲上升沿有效。

（3）CE：时钟输入端，脉冲下降沿有效。

（4）MR：清零端，加高电平或正脉冲时，CD4017 计数器中各计数单元输出低电平 "0"。

（5）Q0~Q9：计数脉冲输出端。

（6）VCC：正电源。

（7）GND：接地。

CD4017 内部逻辑原理图如图 10-4 所示，它是由十进制计数器电路和时序译码电路两部分组成。其中，D 触发器 F_1~F_5 构成了十进制约翰逊计数器，门电路 5~14 构成了时序译码电路。约翰逊计数器的结构比较简单，它实质上是一种串行移位寄存器。除了第 3 个触发器是通过门电路 15、16 构成了组合逻辑电路，作用于 F_3 的 D_3 端外，其余各级均是将前一级触发器的输出端连接到后一级触发器输入端 D 的，计数器最后一级的 Q_5 端连接到第一级的 D_1 端。这种计数器具有编码可靠、工作速度快、译码简单，只需由二输入端的与门即可译码，且译码输出无过渡脉冲干扰等特点。通常只有译码选中的输出端为高电平，其余输出端均为低电平。

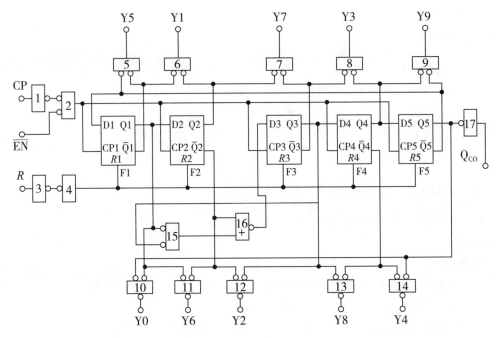

图 10-4　CD4017 内部逻辑原理图（EN R CE）

当加上清零脉冲后，$Q_1 \sim Q_5$ 均 "0"，由于 Q_1 的数据输入端 D_1 是 Q_5 输出的反码，因此，输入第一个时钟脉冲后，Q_1 即为 "1"，这时 $Q_2 \sim Q_5$ 均依次进行移位输出，Q_1 的输出移至 Q_2，Q_2 的输出移至 Q_3……。如果继续输入脉冲，则 Q_1 为新的 Q_5，$Q_2 \sim Q_5$ 仍然依次移位输出。由五级计数单元组成的约翰逊计数器，其输出端共有 32 种组合状态，而构成十进制计数器只需要 10 种计数状态，当电路接通电源之后，可能会进入不需要的 22 种伪码状态。为了使电路能迅速进入表 10-1 所列的状态，就需要在第三级计数单元的数据输入端加接两级组合逻辑门，使 Q_2 不直接连接 D_3，而使 D_3 由下列关系决定 $D_3 = Q_2 (Q_1 + Q_3)$。当电源接通后，不论计数单元出现哪种随机组合，最多经过 8 个时钟脉冲输入之后，都会进入表 10-1 所列状态，波形如图 10-5 所示。

表 10-1　约翰逊计数器状态表

十进制	Q_1	Q_2	Q_3	Q_4	Q_5
0	0	0	0	0	0
1	1	0	0	0	0
2	1	1	0	0	0
3	1	1	1	0	0
4	1	1	1	1	0
5	1	1	1	1	1

续表

十进制	Q_1	Q_2	Q_3	Q_4	Q_5
6	0	1	1	1	1
7	0	0	1	1	1
8	0	0	0	1	1
9	0	0	0	0	1

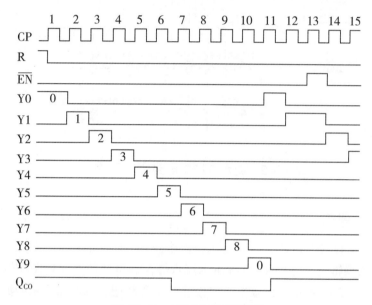

图 10-5　CD4017 波形图

CD4017 时钟输入端 CP 用于上升沿计数，CE 端用于下降沿计数，CP 和 CE 存在互锁关系，使用 CP 计数时，CE 端要接低电平；使用 CE 计数时，CP 端要接高电平。从上述分析可知，CD4017 的基本功能是对"CP"端输入脉冲的个数进行十进制计数，并按照输入脉冲的个数顺序将脉冲分配在 Y0~Y9 这 10 个输出端，计满 10 个数后计数器复零，同时输出一个进位脉冲。只要掌握这些基本功能，就能设计出不同功能的应用电路。

◇软件仿真◇

一、原理图绘制

进入 Multisim14，从元件库中选择 555 定时器、CD4017、发光二极管、电阻等，并置入对象选择器窗口，再放置到图形编辑窗口。在图形编辑窗口中画好仿真原理图，如图 10-6 所示。

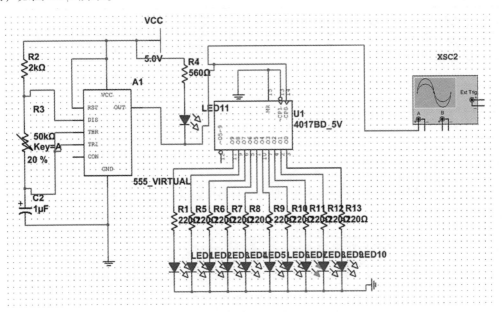

图 10-6　流水灯控制电路仿真原理图

二、仿真调试

　　单击"虚拟仪表"按钮，在对象选择器中找到"Oscilloscope（双踪示波器）"，添加到原理图编辑区，按照图 10-6 所示流水灯控制电路仿真原理图布置并连接好。按下"仿真"按钮，观察并记录发光二极管的状态和记录示波器显示的波形。观察调节电位器 $R3$ 和改变 10 路 LED 灯的流水速度。图 10-7 为 555 振荡输出波形，图 10-8 为 555 振荡输出与 Q0 波形。

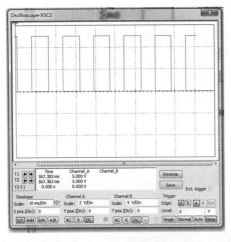

图 10-7　555 振荡输出波形

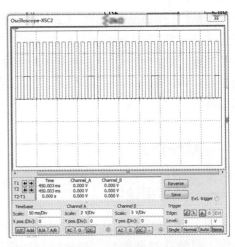

图 10-8　555 振荡输出与 Q0 波形

◇**任务实施**◇

一、电路的安装

（1）焊接。在万能板上对元器件进行布局，并依次焊接。焊接时，注意电解电容及三极管的极性。

（2）检查。检查焊点，看是否有虚焊、漏焊；检查电解电容及三极管的极性，查查看是否连接正确。

（3）元件清单（表10–2）。

表10–2　元件清单

序号	元件名称	规格	数量	序号	元件名称	规格	数量

二、电路的测试与调整

1. 工作原理分析

本电路主要由两部分组成：NE555可调振荡电路和脉冲计数电路。通电后，NE555的③脚输出一定频率的方波信脉冲信号，振荡频率通过R_{P1}调节。脉冲信号送至CD4017的⑮脚，在脉冲上升沿时进行计数，按输入脉冲的个数分配在10个输出端，依次点亮D_1~D_{10}。满10个数后计数器清零，到下一个脉冲到来时再次点亮D_1~D_{10}，不断循环。

电路的定时元件是：_____

当R_{P1}中心抽头往下调节时，阻值变_____（大或小），振荡频率变_____（高或低）；当C容量变小，振荡频率变_____（大或小）。

2. 调试与排除故障

电路安装完毕，经检查无误后即可通电调试，按表10–3的要求调试、测量数据，并将测量数据填入表10–3中。

表 10-3　循环流水灯调试波形

测试项目	分析并说明原理
调节 R_{P1}，使循环流水灯 1 s 钟点亮 1 个，测量电容 C 的波形	
调节 R_{P1}，使循环流水灯 1 s 钟点亮 1 个，测量 NE555 的 3 脚波形	

◇**思考题**◇

如果在调试时发生以下故障，请分析原因，写出排除故障的方法。

1. 发光二极管发光亮度不一致，有的很亮，有的很暗。

2. 通电调试时，调节 R_{P1} 发光管循环点亮的速度无变化。

3. 10 个灯几乎同时闪烁，调节 R_{P1} 无效。

4. 若 IC2 的 4 脚接地，电路会产生怎样的效果？

5. 每个发光二极管都加限流电阻，电路能否只用一个限流电阻？会出现什么问题？

6. CD4017 的 15 脚为复位端，如果悬空，电路会出现什么问题？

三、总结

本任务使你学习到发哪些知识？积累了哪些经验？填入表 10-4 中，有利于提升自己的技能水平。

表 10-4　工作总结

正确装调方法	
错误装调方法	
总结经验	

四、工作岗位 6S 处理

工作任务全部完成后，关闭工作台总电源，拆下测量线和连接导线，归还借用工具仪器。组员对工作岗位进行"整理、整顿、清扫、清洁、安全、素养"处理。维护和保养测量仪器、仪表，确保其运行在最佳工作状态。

◇**能力拓展**◇

本电路只能循环点亮 10 个发光二极管，效果单一，若需要更多的发光管做循环点亮效果，电路能否升级改造？为了达到有多种循环效果，可以共用一个振荡产生电路，把输出脉冲信号送至多个计数分配器，分别点亮更多的发光二极管。总体设计方案可参考图 10-9，请小组成员发挥团队协助精神，赶快讨论决策，制定计划实施。

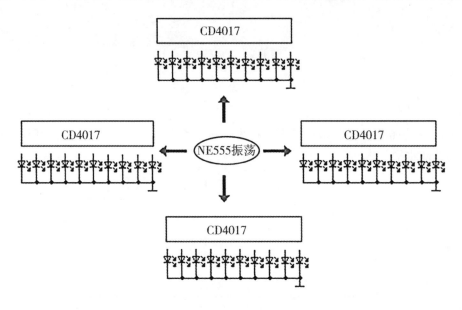

图 10-9　参考设计方案

◇任务评价◇

表 10-5 十位 LED 循环流水灯装调评价表

班级：_____

小组：_____ 姓名：_____

指导教师：_____

日 期：_____

评价项目	评价标准	评价依据	评价方式			权重	得分小计
			学生自评 15%	小组互评 25%	教师评价 60%		
职业素养	1. 遵守规章制度与劳动纪律 2. 人身安全与设备安全 3. 积极主动完成工作任务 4. 完成任务的时间 5. 工作岗位 6S 处理	1. 劳动纪律 2. 工作态度 3. 团队协作精神				0.3	
专业能力	1. 掌握 CD4017 的功能和使用 2. 能熟练制作流水灯 PCB 板，元器件装配达标 3. 能够使用仪器调试电路，快速排除故障 4. 测量数据精度高	1. 工作原理分析 2. 安装工艺 3. 调试方法和步骤 4. 测量数据准确性				0.5	
创新能力	1. 电路调试时能提出自己独到的见解或解决方案 2. 能利用 CD4017 集成电路制作各种功能电路 3. 团队能完成多个流水灯点亮的测试任务	1. 调试、分析方案 2. 数字集成电路的灵活使用 3. 团队任务完成情况				0.2	
综合评价	总分						
	教师点评						

项目 11　电子门铃装配与调试

◇**教学目标**◇

知识目标	技能目标
◆掌握 NE555 的引脚功能和使用 ◆了解 NE555 振荡电路的应用原理，并计算相关参数	◆能用万用表对二极管、电容等元件进行检测 ◆能查阅 NE555 集成芯片应用电路的相关资料 ◆会运用 Multisim14 仿真流水灯电路。 ◆能对流水灯电路进行安装与测试 ◆培养独立分析、团队协助、改造创新的能力

◇**任务描述**◇

　　NE555 是使用广泛的数字时基集成电路，在一些小制作电路中常见其身影。由 NE555 时基集成和少量元器件可组成门铃电路，能发出"叮咚"的铃声，电路如图 11-1 所示。该门铃电路体积小，声音响亮、清晰。

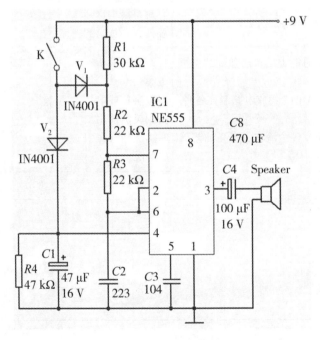

图 11-1　电子门铃电路

◇任务要求◇

（1）手动控制响铃，声音响亮，余音长短符合门铃声音的要求。

（2）任何时候按下响铃按钮，扬声器都可以发出"叮"声，松开手后发出"咚"声。

（3）单面 PCB 板的设计和安装，面积小于 10 cm × 10 cm，元器件布局合理。

（4）NE555 采用集成插装方式安装，电源及扬声器采用接插件连接。

◇相关知识◇

一、NE555 时基集成电路

NE555 是一种模拟和数字电路混合的时基集成电路，亦称为定时器。它结构简单、使用灵活，用途十分广泛。它可以组成多种波形发生器、多谐振荡器、定时延时电路、双稳触发电路、报警电路、检测电路及频率变换电路等。

常用 NE555 定时器有 TTL 定时器和 CMOS 定时器两种类型，两者工作原理基本相同，都是由分压器、比较器、基本 RS 触发器、放电管及输出缓冲门组成，NE555 定时器内部电路结构、引脚排列管脚图和实物图分别如图 11-2 至图 11-4 所示。

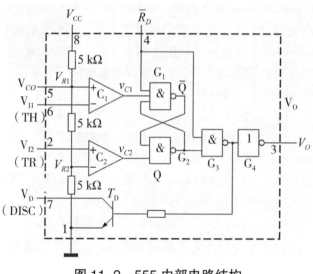

图 11-2 555 内部电路结构

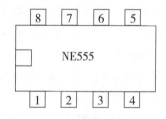

图 11-3 555 引脚排列图

图 11-4 NE555 实物图

1. 特点

（1）只需简单元器件便可完成特定的振荡延时功能，延时范围广，可由几微秒至几小时。

（2）工作电源范围大，可与 TTL、CMOS 系列数字集成配合使用。

（3）输出端电流大约为 200 mA，可直接驱动多种控制负载。

2. 主要参数

（1）供电电压：4.5~16 V

（2）静态电流：3~6 mA

（3）上升沿 / 下降沿时间：100 ns

表 11-1 为 NE555 引脚功能。

表 11-1 NE555 引脚功能

引脚	名称	功能	引脚	名称	功能
①	GND	接地	⑤	CO	控制电压
②	$\overline{TR}$	触发端	⑥	TH	阀值电压
③	OUT	输出端	⑦	D	放电端
④	$\overline{R}$	复位	⑧	VCC	正电源端

3. 内部工作原理

555 定时器内部由 3 个阻值为 5 kΩ 电阻组成的分压器、两个电压比较器 C_1 和 C_2、基本 RS 触发器、放电三极管 TD 和缓冲反相器 G_4 组成。⑧脚和①脚分别为电源正、负供电端；②脚为低电平触发端，输入低电平触发脉冲；⑥脚为高电平触发端，输入高电平触发脉冲；④脚输入负脉冲（或使其电压低于 0.7 V），可使 NE555 定时器直接复位，输出为低电平；⑤脚通过外接一参考电源，可以改变上、下触发的电位值，不用时，可通过一个 0.01 μF 的旁路电容接地，以防止引入干扰；⑦脚接放电晶体管 C 极，NE555 定时器输出低电平时，放电晶体管 TD 导通，外接电容元件通过 TD 放电；③脚为输出端，输出高电平时约低于电源电压。

比较器 C_1 和 C_2 的比较电压为：$U_{R1} = 2/3$ V，$U_{R2} = 1/3$ V。

（1）当 $V_{I1} > 2/3$ V，$V_{I2} > 1/3$ V 时，比较器 C_1 输出低电平，比较器 C_2 输出高电平，基本 RS 触发器置 0，G_3 输出高电平，三极管 TD 导通，定时器输出低电平。

（2）当 $V_{I1} < 2/3$ V，$V_{I2} > 1/3$ V 时，比较器 C_1 输出高电平，比较器 C_2 输出高电平，基本 RS 触发器保持原状态不变，NE555 定时器输出状态保持不变。

（3）当 $V_{I1} > 2/3$ V，$V_{I2} < 1/3$ V 时，比较器 C_1 输出低电平，比较器 C_2 输出低电平，基本 RS 触发器两端都被置 1，G_3 输出低电平，三极管 TD 截止，定时器输出高电平。

（4）当 $V_{I1} < 2/3$ V，$V_{I2} < 1/3$ V 时，比较器 C_1 输出高电平，比较器 C2 输出低电平，基本 RS 触发器置 1，G_3 输出低电平，三极管 TD 截止，定时器输出高电平。

4. NE555 应用电路

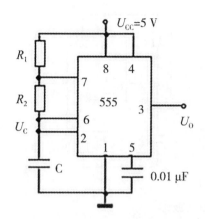 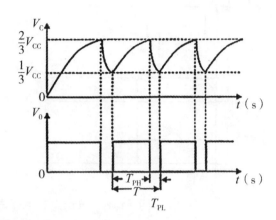

图 11-5 555 组成的多谐振荡电路及波形

实际 NE555 相当一个用模拟电压来控制翻转的 R-S 触发器，有无稳态、单稳态和双稳态三种工作方式。图 7-6 所示是用 NE555 定时器组成的多谐振荡器电路及波形，R_1、R_2、C 是外接定时元器件。当 U_C 因电源接通对 C 充电而上升到 2/3 V 时，比较器 C_1 输出低电平，使 R-S 触发器输出置 0，③脚输出低电平，内部放电管 TD 导通，电容 C 通过 TD 放电；当 U_C 因电容放电而减小到略低于 1/3 V 时，比较器 C_2 输出为低电平，使 R-S 触发器输出置 1，③脚输出高电平，放电管 TD 截止；电容 C 继续充电直到 U_C 略高于 2/3 V 时，触发器又翻转到 0，从而完成一个周期振荡。其振荡周期可用下式计算：

$$T \approx 0.7 (R_1+2R_2) C \qquad (11-1)$$

用 NE555 定时器组成的单稳触发器及波形如图 11-6 所示，R、C 是外接元件，U_i 输入为负触发脉冲信号。负脉冲到来前 U_i 为高电平，其值大于 1/3 V，比较器 C_2 输出为 1，R-S 触发器输出为 0，定时器③脚输出低电平，处于稳定状态；当负触发脉冲到来时，因 U_i 为 1/3 V，故 C_2 输出为 0，R-S 触发器置 1，定时器③脚输出高电平，内部放电管 TD 截止，C 充电，进入暂稳态；当负触发脉冲结束后，C_2 输出为 1，但 U_C 继续上升，直至略高于 2/3 V 时，C_1 输出为 0，使 R-S 触发器置 0，定时器③脚翻转输出低电平，结束暂稳期回到稳态，C 通过 TD 放电。触发器由一窄脉冲触发，可得到一宽矩形脉冲，其脉冲宽度为可用下式计算：

$$T_P = RC\ln3 \approx 1.1RC \qquad (11-2)$$

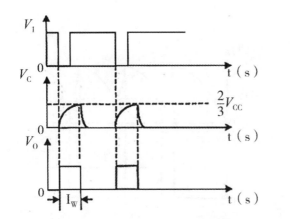

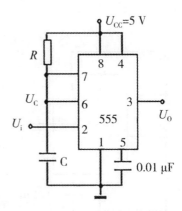

图 11-6   单稳态触发器电路图及波形

二、变音门铃电路工作原理分析

NE555 定时器在该电路中实际是一个受控振荡器，接通电源后，当按下开关 K 后，9 V 电源经过 V_1 对 C_1 进行充电。当④脚复位端电压大于 1 V 时，电路开始振荡，振荡频率由 RC 充放电回路决定，扬声器发出"叮"声。松开开关 K，C_1 储存的电能经 R4 放电，此时④脚还继续维持高电平而保持振荡，但因为 R_1 介入振荡，改变了 RC 充放电回路的时间常数，振荡频率变低，扬声器发出"咚"声。一直到 C_1 的电能释放完毕（延时作用），④脚电压低于 1 V，此时电路停止振荡，扬声器无声音。再按一次开关 K，电路重复上述过程。

三、绘制原理图和 PCB 板设计

1. 原理图绘测与 PCB 板设计

（1）新建"门铃电路 .ddb"项目文件。

（2）选择"MS Access database"格式。

（3）选择保存路径。

图 11-7 为新建原理图界面。

原理图环境设置：图纸尺寸、图样标题栏、图纸颜色、网格设置、边框设置等。原理图绘制界面包括：

①标题栏。②主菜单。③主工具栏。④文件切换标签。⑤设计管理器。⑥布线工具栏。⑦绘图工具栏。⑧电源及接地工具栏。⑨常用器件工具栏。⑩状态栏。

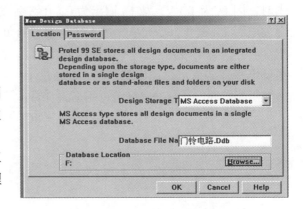

图 11-7   新建原理图界面

图 11-8 为绘图环境设计，图 11-9 为原理图绘制界面。

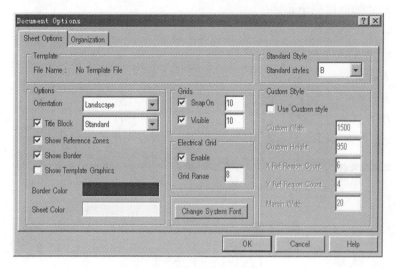

图 11-8　绘图环境设计

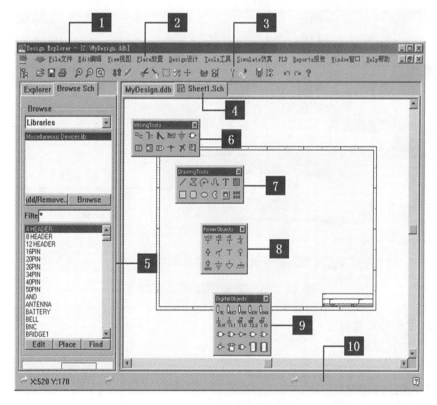

图 11-9　原理图绘制界面

原理图绘制流程：

（1）打开需要用的工具栏。

（2）设置环境参数。

（3）创建 NE555 集成电路。

（4）查找元件，导线连接。

（5）元件编号、标注参数。

（6）检查修改、保存。

图 11-10 为变音门铃电路原理图。

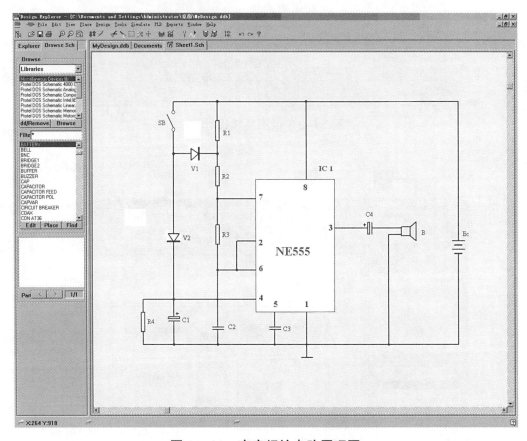

图 11-10 变音门铃电路原理图

PCB 板布局布线流程：

（1）加载网络表。

（2）元件布局。

（3）布线规则设置。

（4）自动布线。

（5）元件标注整理、检查。

图 11-11 为变音门铃电路 PCB。

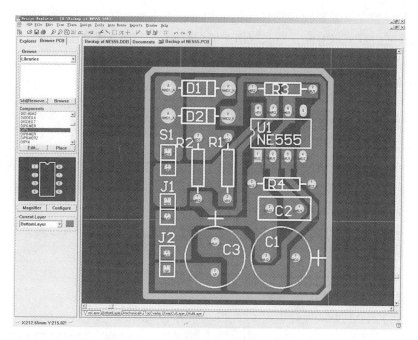

图 11-11　变音门铃电路 PCB 板

四、热转印制板法

近年来比较常见的热转印制板法是小批量快速制作 PCB 的一种方法，它利用激光打印机墨粉的防腐蚀特性，具有制板快速（20 分钟）、精度较高（线宽最小达 0.8 mm，间距最小达 0.5 mm）、成本低廉的特点。但由于涂阻焊剂和过孔金属化等工艺的限制，此方法还不能制作复杂布线的双面板，只能制作单面板和所谓的"准双面板"，主要设备如图 11-12 所示。

图 11-12　印制板雕刻机

1. 热转印法需准备的设备和材料

安装有 Protel DXP2004 电路设计软件的电脑、黑白激光打印机、热转印纸、热转印机（可用塑封机改装）、敷铜电路板、腐蚀容器和药品、小型台钻和锯刀等一些机械工具。其他情况下如果没有热转印机可找金属壳电熨斗代替，腐蚀材料可用三氯化铁溶液或盐酸、双氧水溶液，钻头规格一般用 0.8 mm、0.6 mm 和 1.0 mm。

2. 热转印制板法设置布线规则时的注意事项

（1）线宽大于 0.8 mm，线间距大于 0.5 mm，焊盘间距大于 0.5 mm。为确保安全，线宽一般设置为 0.8~1.5 mm，大电流电源供电走线需加宽处理，可采用大面积接地方式设计。

（2）最好设计成单面板，无法布通时可考虑跳接线，最后还是无法布通时才考虑使用双面板。考虑到焊接时要焊接两面的焊盘，并排双列或多列封装元件在 Toplayer 层不要设置焊盘。元器件位置排列整齐、布局合理往往能增加布线的成功率。尽量使用手工布线，自动布线往往不能满足要求。

（3）孔直径和焊盘大小在条件允许的情况下，设计要比实际尺寸大，方便钻孔时钻头对准。

（4）Bottomlayer 层的符号需翻转标注，Toplayer 层的符号则正面标注。

3. 热转印制板法的操作步骤

（1）使用 DXP2004 设计电路 PCB 板，如图 11-13（a）所示。

（2）将底层布线图打印在热转印纸上，颜色设置成黑白，如图 11-13（b）所示。

（3）检查和校正打印出来的图纸，确认无误后，调节热转印机温度在 175℃，将转印纸上的碳粉转印到敷铜板上，如图 11-13（c）所示。

（4）把敷铜板放在腐蚀溶液中进行腐蚀，注意控制腐蚀时间。

（5）定位、钻孔，选用合适规格的钻头进行钻孔。

（6）清洁处理，建议选用细砂纸对电路板进行打磨，去掉碳粉，然后用酒精清洗电路板，再涂上助焊剂，如图 11-13（d）所示。

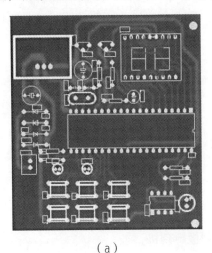

（a）

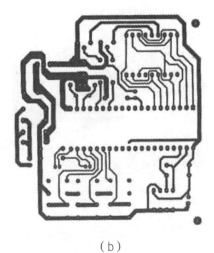

（b）

图 11-13　热转印制板流程（1）

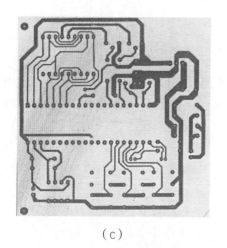
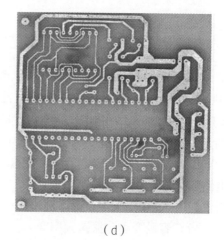

（c）   （d）

图 11-13　热转印制板流程（2）

◇**任务实施**◇

一、电路的安装

（1）焊接。在万能板上对元器件进行布局，并依次焊接。焊接时，注意电解电容及三极管的极性。

（2）检查。检查焊点，查看是否有虚焊、漏焊；检查电解电容及三极管的极性，查看是否连接正确。

（3）元件清单（表 11-2）。

表 11-2　元件清单

序号	元件名称	规格	数量	序号	元件名称	规格	数量

二、电路的测试与调整

1. 工作原理分析

本电路主要由两部分组成：NE555 可调振荡电路和脉冲计数电路。通电后，NE555 的③脚输出一定频率的方波信脉冲信号，振荡频率通过 R_{P1} 调节。脉冲信号送至 CD4017 的⑭脚，在脉冲上升沿时进行计数，按输入脉冲的个数分配在 10 个输出端，依次点亮 D_1~D_{10}。满 10 个数后计数器清零，到下一个脉冲到来时再次点亮 D_1~D_{10}，不断循环。

电路的定时元件是：＿＿＿＿＿＿＿＿＿＿＿＿＿＿＿＿＿＿＿＿＿

当 R_{P1} 中心抽头往下调节时，阻值变＿＿＿＿＿（大或小），振荡频率变＿＿＿＿＿（高或低）；当 C 容量变小，振荡频率变＿＿＿＿＿（大或小）。

2. 调试与排除故障

电路检查无误后，调节直流稳压电源输出 9 V，通电调试并做好数据、波形记录。

① NE555 ④脚为复位端，外接定时元器件是＿＿＿＿＿和＿＿＿＿＿，在按下开关 K 的一瞬间，④脚电压为＿＿＿＿＿V，当松开 K 时，C_1 端电压经过＿＿＿＿＿放电。

② 门铃的余音长短与 C_1 和 R_4 参数有关，如想余音变长，可把 C_1 容量＿＿＿＿＿（增大或减小），或把 R_4 阻值＿＿＿＿＿（增大或减小）。

③ U_{C2} 波形为＿＿＿＿＿充放电波形，其充电和放电时间常数＿＿＿＿＿（相同或不相同）。

使用数字万用表和双通道示波器调试门铃电路，观察 U_{C1} 和 U_{C2} 波形并作记录。

表 11-3 电子门铃电路调试记录表

测量项目	测量电压值 /V							
集成引脚	①	②	③	④	⑤	⑥	⑦	⑧
鸣叫状态								
不鸣叫状态								
鸣叫时 U_{C1} 波形								
鸣叫时 U_{C2} 波形								

◇**思考题**◇

1. 二极管 V1 反接，电路能否正常工作？ V2 反接对电路有什么影响？

2. C_1 容量大小对声音是否有影响，如更改为 1μF/25 V 时，声音会发生怎样的变化？

3. C_2 容量大小对声音是否有影响？改变 C_2 的参数，对比听听声音是否发生变化。

三、总结

本任务使你学习到了哪些知识？积累了哪些经验？填入表 11-4 中，有利于提升自己的技能水平。

表 11-4　工作总结

正确装调方法	
错误装调方法	
总结经验	

四、工作岗位 6S 处理

工作任务全部完成后，关闭工作台总电源，拆下测量线和连接导线，归还借用工具仪器。组员对工作岗位进行"整理、整顿、清扫、清洁、安全、素养"处理。维护和保养测量仪器、仪表，确保其运行在最佳工作状态。

◇能力拓展◇

NE555 定时器应用十分广泛，利用其定时功能可开发出很多应用电路。只要能理解 NE555 的内部结构，学会独立分析电路工作原理，自己也可以尝试设计、制作一些有实际意义的功能电路。

1. NE555 闪光器

图 11-14 是采用 NE555 制成的闪光电路，工作时发光二极管 D_1 和 D_2 按一定速度轮流闪烁。该电路实际是个可调振荡电路，利用②脚和⑥脚共接的可调定时元器件参数不同，能改变振荡频率。工作原理如下：NE555 时基集成④脚复位端接高电平，通电后定时器正常工作，R_1、R_{P1}、C_1 组成可调振荡定时网络。电路正常起振后，NE555 的③脚电位高低交替变化，当③脚为高电平时，D_1 截止，D_2 导通发光；当③脚为低电平时，D_1 导通发光，电流方向从正电源经 R_2、D_1、NE555 的③到负电源，此电流为 NE555 的灌电流，D_2 反向截止，两只发光二极管将轮流闪烁。制作时，两只发光二极管可选用红色、绿色或黄色，使闪烁效果更加醒目。

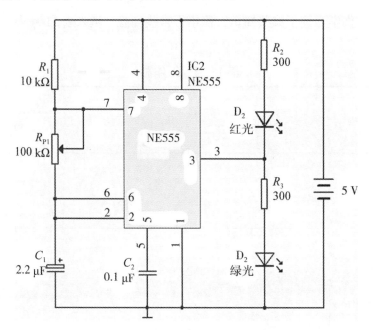

图 11-14 NE555 闪光器电路图

◇**思考题**◇

1. 从电路结构、工作原理方面说说本电路与门铃电路有何异同？

2. 调试发现 D1、D2 几乎同时点亮，调节 R_{P1} 无效，分析故障产生的原因。

2. NE555 气体烟雾报警器

图 11-15 是一个简易气体烟雾报警电路，该报警器由降压整流与稳压电路、气敏传感元件和触发报警电路组成。降压整流与稳压电路主要由变压器、桥式整流电路、集成稳压电源组成，触发报警电路主要由可控多谐振荡器（NE555、R_2、R_{W2}、C_4）和扬声器 Y 组成。半导体气敏元件采用 QM-25 型或 MQ211 型，适用于煤气、天然气、汽油及各种烟雾报警。电路要求加热端电压稳定，故使用 7805 稳压电路，正常工作时需预热 3 min。

当气敏元件 QM 接触到可燃性气体或烟雾时，其 A 至 B 极间阻值降低，使得 W_1 压降上升，NE555 的④脚电位上升，当④脚电位上升到 1 V 以上时，NE555 停止复位而产生振荡，③脚输出信号推动扬声器 Y 发出报警声，振荡频率为 $f = 0.7（R_2+2R_{W2}）C4$。按图中定时元器件参数振荡频率约为 0.6~8 kHz，调节电位器 R_{W2}，使其频率为 1.5kHz 左右。

正常情况下，气敏元件的 A 与 B 极间阻值较大，该电阻与 R_{W1} 的分压值减小，使NE555 ④脚处于低电平，NE555 复位停振，③脚无信号输出，电路不报警。

运用所学知识，查找相关资料，综合分析电路工作原理，动手安装调试电路，看看能否取得成功。

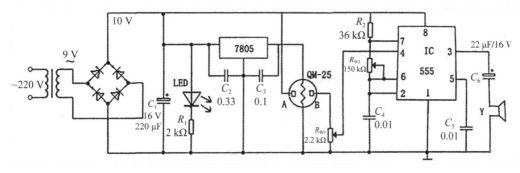

图 11-15　NE555 报警器电路图

◇任务评价◇

表 11-5　电子门铃装调评价表

班级：_____　　　　　　指导教师：_____
小组：_____　姓名：_____　日　期：_____

评价项目	评价标准	评价依据	评价方式			权重	得分小计
			学生自评 15%	小组互评 25%	教师评价 60%		
职业素养	1. 遵守规章制度与劳动纪律 2. 人身安全与设备安全 3. 积极主动完成工作任务 4. 完成任务的时间 5. 工作岗位 6S 处理	1. 劳动纪律 2. 工作态度 3. 团队协作精神				0.3	
专业能力	1. 掌握 NE555 的功能和使用 2. 能熟练制作电子门铃 PCB 板，元器件装配达标 3. 能够使用仪器调试电路和快速排除故障 4. 测量数据精度高	1. 工作原理分析 2. 安装工艺 3. 调试方法和步骤 4. 测量数据准确性				0.5	
创新能力	1. 电路调试时能提出自己独到的见解或解决方案 2. 能利用 NE555 集成电路制作各种功能电路 3. 团队能完成多个流水灯点亮的测试任务	1. 调试、分析方案 2. 数字集成电路的灵活使用 3. 团队任务完成情况				0.2	
综合评价	总分						
	教师点评						

项目 12　温度检测电路装配与调试

◇**教学目标**◇

知识目标	技能目标
◆掌握 LM35 引脚功能和使用方法 ◆掌握 OP07 集成运放的引脚功能和使用方法 ◆理解 ICL7107 A/D 转换器的应用及工作原理，并计算相关参数	◆能查阅 OP07、ICL7107 集成芯片应用电路的相关资料 ◆会运用 Proteus 仿真温度检测电路 ◆能对温度检测电路进行安装与测试

◇**任务描述**◇

随着科学技术的发展，传感器的种类也日益增多，如温度传感器 LM35、18B20 等，它们被应用于各种环境控制系统、过热保护，工业工程控制、火灾报警、电源系统监控等场所。如何让设备采集到相应的温度信号，是本任务需要解决的问题。图 12-1 是一个温度检测电路图，通电后，温度传感器 LM35 对温度信号进行采集，并转换为电压信号，然后进行模数转换，最后通过数码管显示出其采集到的温度值。

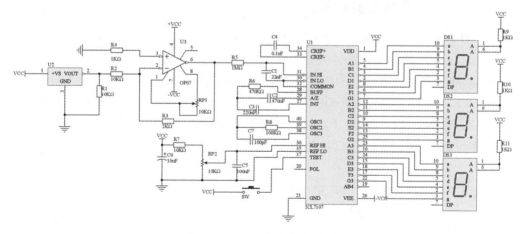

图 12-1　温度检测电路图

◇**任务要求**◇

（1）三个数码管的安装位置分别为百位、十位、个位。

（2）根据电路图设计单面 PCB 板，元器件布局合理，大面积接地。

（3）单面 PCB 板的设计和安装，面积小于 10 cm × 10 cm。

（4）集成电路采用插座安装，电位器安装在方便调节位置。

◇ **相关知识** ◇

一、温度传感器 LM35

LM35 是由 National Semiconductor 所生产的温度传感器，其输出电压与摄氏温标呈线性关系，转换公式为 $V_{OUT}=10$ mV/℃ · T℃，当温度为 0℃时输出为 0 V，每升高 1℃，输出电压增加 10 mV。LM35 器件不需要任何外部校准或调整，即可在室温下提供 ±1/4℃ 的典型精度，在 –55℃ 至 150℃ 的温度范围内提供 ±3℃ 的典型精度。LM35 温度传感器有多种不同封装型式，常见的是 TO–9 封装，如图 12-2 所示。

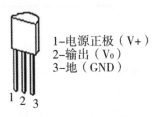

1-电源正极（V+）
2-输出（V₀）
3-地（GND）

图 12-2　TO–9 封装

二、集成运算放大器 OP07

OP07 芯片是一种低噪声、非斩波稳零的双极性（双电源供电）运算放大器集成电路。由于 OP07 具有非常低的输入失调电压（对于 OP07A 最大为 25 μV），所以 OP07 在很多应用场合不需要额外的调零措施。OP07 同时具有输入偏置电流低（OP07A 为 ±2 nA）和开环增益高（对于 OP07A 为 300 V/mV）的特点。这种低失调、高开环增益的特性使得 OP07 特别适用于高增益的测量设备和放 大传感器的微弱信号等方面。图 12-3 为 OP07 引脚图，图 12-4 为 OP07 集成运放符号。

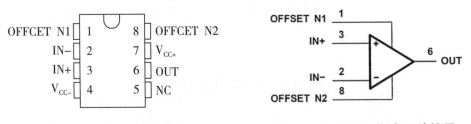

图 12-3　OP07 引脚图　　　　图 12-4　OP07 集成运放符号

OP07 引脚功能：1 和 8 为偏置平衡（调零端），2 为反向输入端，3 为正向输入端，4 为接地端，5 为空脚，6 为输出，7 接电源正极。

OP07 具有以下特点：

（1）超低偏移：150 μV 最大。

（2）低输入偏置电流：1.8 nA 。

（3）低失调电压漂移：0.5 μV/℃ 。

（4）超稳定，时间：2 μV/month。

（5）最大高电源电压范围：± 3V～ ± 22V。

三、A/D 转换器 ICL7107

双积分型 A/D 转换器 ICL7107 是一种间接 A/D 转换器。它通过对输入模拟电压和参考电压分别进行两次积分，将输入电压平均值变换成与之成正比的时间间隔，然后利用脉冲时间间隔，进而得出相应的数字性输出。它包括积分器、比较器、计数器，控制逻辑和时钟信号源。积分器是 A/D 转换器的心脏，在一个测量周期内，积分器先后对输入信号电压和基准电压进行两次积分。比较器将积分器的输出信号与零电平进行比较，比较的结果作为数字电路的控制信号。其引脚图如图 12-5 所示。

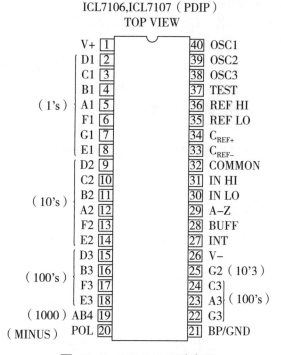

图 12-5　ICL7107 引脚图

1. 双积分型 A/D 转换器 ICL7107 的功能与特点

（1）ICL7107 是 31/2 位双积分型 A/D 转换器，属于 CMOS 大规模集成电路，它的最大显示值为 ± 1999，最小分辨率为 100 μV，转换精度为 0.05 ± 1 个字。

（2）能直接驱动共阳极 LED 数码管，不需要另加驱动器件，使整机线路简化，采用 ±5V 两组电源供电，并将第 21 脚的 GND 端接第 30 脚的 IN 端。

（3）在芯片内部从 V+ 与 COM 之间有一个稳定性很高的 2.8 V 基准电源，通过电阻分压器可获得所需的基准电压 V_{REF}。

（4）通过内部的模拟开关能实现自动调零和自动极性显示功能。

（5）输入阻抗高，对输入信号无衰减作用。

（6）整机组装方便，无需外加有源器件，配上电阻、电容和 LED 共阳极数码管，可以构成一只直流数字电压表头。

（7）噪音低、温漂小，具有良好的可靠性，寿命长。

（8）芯片本身功耗小于 15 MW（不包括 LED）。

（9）不设专门的小数点驱动信号。使用时可将 LED 共阳极数码管公共阳极接 V+。

（10）可以方便地进行功能检查。

2. ICL7107 的引脚功能

V+、V– 分别为电源的正极和负极。

au-gu，aT-gT，aH-gH：分别为个位、十位、百位笔画的驱动信号，依次接个位、十位、百位 LED 显示器的相应笔画电极。

BCK：千位笔画驱动信号。接千位 LED 显示器的相应笔画电极。

PM：液晶显示器背面公共电极的驱动端，简称背电极。

OSCl~OSC3：时钟振荡器的引出端，外接阻容或石英晶体组成的振荡器。第 38 脚至第 40 脚电容量的选择根据下式确定：$f_{os1} = 0.45/RC$

COM：模拟信号公共端，简称模拟地，使用时一般与输入信号的负端以及基准电压的负极相连。

TEST：测试端，该端经过 500 Ω 电阻接至逻辑电路的公共地，故也称逻辑地或数字地。

V_{REF+} V_{REF-}：基准电压正负端。

CREF：外接基准电容端。

INT：27 是一个积分电容器，必须选择温度系数小但不致使积分器的输入电压产生漂移现象的元件

IN$_+$ 和 IN$_-$：模拟量输入端，分别接输入信号的正端和负端。

AZ：积分器和比较器的反向输入端，接自动调零电容 C_{AZ}。如果应用在 200 mV 满刻度的场合是使用 0.47 μF，2 V 满刻度是 0.047 μF。

BUF：缓冲放大器输出端，接积分电阻 Rint。其输出级的无功电流是 100 μA，而缓冲器与积分器能够供给 20 μA 的驱动电流，从此脚接一个 Rint 至积分电容器，其值在满刻度 200 mV 时选用 47 kW，而 2 V 满刻度则使用 470 kW。

3. ICL7107 主要参数

ICL7107 主要参数如表 12-1 所示。

表 12-1   ICL7107 主要参数

电源电压	ICL7107 V+~GND	6 V	温度范围		0~70℃
	ICL7107 V-~GND	–9 V	热电阻	PDIP 封装	qJA（℃/W）	50
				MQFP 封装		80
模拟输入电压		V+~V–	最大结温		150℃
参考输入电压		V+~V–	最高储存温度		–65~150℃
时钟输入		GND~V+			

振荡周期 $T_C=2RC\ln 1.5=2.2RC$ 。

ICL7107 的引脚图及典型电路如图 12-6 所示。

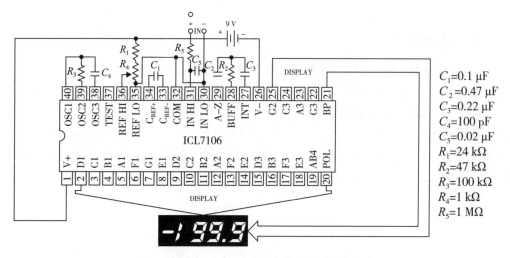

图 12-6   ICL7107 的引脚图及典型电路

◇软件仿真◇

一、原理图绘制

进入 Proteus，从元件库中选择 LM35 温度传感器、集成运算放大器 OP07、A/D 转换器、数码管、电阻、电容等元器件，并置入对象选择器窗口，再放置到图形编辑窗口。在图形编辑窗口中画好仿真原理图，如图 12-7 所示。

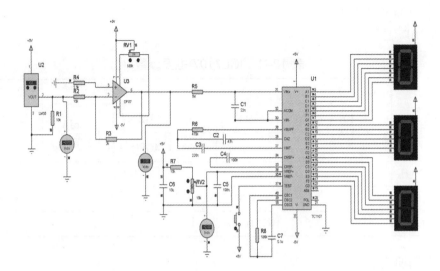

12-7　温度检测电路仿真原理图

二、仿真调试

电路原理图绘制完成后，单击"仿真工具栏"按钮，电路开始运行测试电路。在温度传感器上单击仿真按钮"+、−"，LM35 温度传感器温度逐渐增大 / 减小，同时观察数码管的显示值是否与温度传感器的值一致。当温度传感器 LM35 调节至 0℃时，观察数码管的显示情况，如图 12-8 所示；当温度传感器 LM35 调节至 66℃时，观察数码管的显示情况，如图 12-9 所示；当温度传感器 LM35 调节至 109℃时，观察数码管的显示情况，如图 12-10 所示。

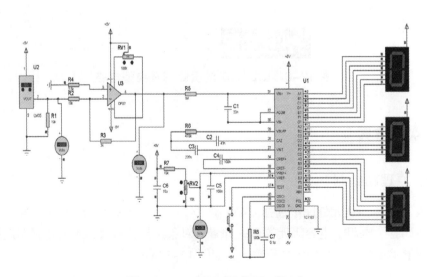

图 12-8　LM35 调节至 0℃时

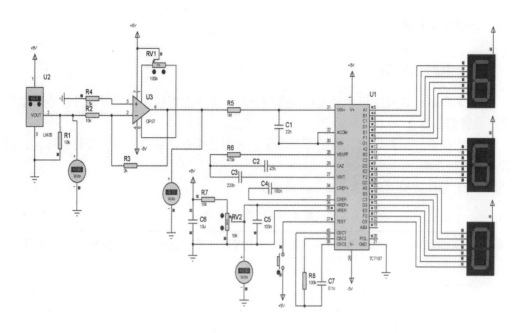

图 12-9 LM35 调节至 66℃时

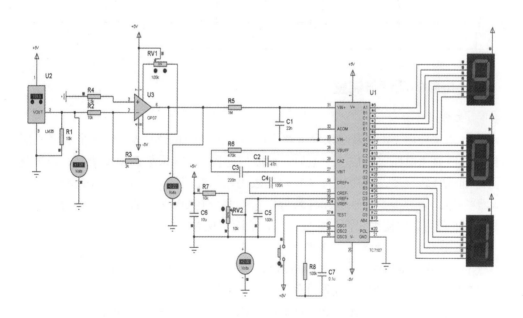

图 12-10 LM35 调节至 109℃时

◇**任务实施**◇

一、电路的安装

（1）焊接。在万能板上对元器件进行布局，并依次焊接。焊接时，注意电解电容及三极管的极性。

（2）检查。检查焊点，看是否有虚焊、漏焊；检查电解电容及三极管的极性，查看是否连接正确。

（3）元件清单（表12-1）。

表 12-1　元件清单

序号	元件名称	规格	数量	序号	元件名称	规格	数量

二、电路的测试与调整

1. 工作原理分析

本电路主要由 LM35 温度采集电路、电压放大整形电路、A/D 转换器、译码驱动电路和温度显示电路等组成。通电后，温度传感器 LM35 采集到温度信号，通过整形电路送到 A/D 转换器，然后进行译码驱动数码显示温度。ICL7107 集 A/D 转换器译码驱动于一体，通过很少的外部元件就可以精确测量 0~200 mV 的电压，再利用温度传感器 LM35 就可以将温度线性转换成电压，从而实现温度信号的显示。

2. PCB 板的制作和元器件安装

（1）使用 Protel DXP 设计电路 PCB 板，采用热转印法制作电路板。

（2）按电子工艺要求对元器件的引脚进行成形加工、插装和焊接。

（3）数码管管安装高度一致，OP07 和 ICL107 使用集成插座安装。

3. 调试与排除故障

电路安装完毕，经检查无误后即可通电调试，按表12-2为要求调试、测量数据，并将测量数据填入表12-2中。

表 12-2 温度检测电路安装与调试

测试项目	测试电压
调节温度传感器 LM35，测量其输出电压和 OP07 整形后输出的电压的变化情况	
调节电位器 R_{P2} 测量 V_{REF+} 和 V_{REF-}（基准电压正负端）的电压情况，并观察数码管的显示变化情况	

◇**思考题**◇

1. 如果在调试时发生以下故障，请分析原因，写出排除故障的方法。
（1）数码管的发光亮度不一致，有的很亮，有的很暗。

（2）通电调试时，应如何调节 R_{P2}，使得数码管显示值和温度传感器的显示值一致。

2. 若 OP07 的 7 脚和 4 脚改为单电源供电，是否可行？

（3）数码管的每一段码为什么都要加限流电阻？每一个数码管能否只用一个限流电阻？

（4）ICL7107 A/D 转换器的 37 脚为复位端，如果悬空，电路会出现什么问题？

三、总结

本任务使你学习到了哪些知识？积累了哪些经验？填入表12-3中，有利于提升自己的技能水平。

表 12-3　工作总结

正确装调方法	
错误装调方法	
总结经验	

四、工作岗位 6S 处理

工作任务全部完成后，关闭工作台总电源，拆下测量线和连接导线，归还借用工具仪器。组员对工作岗位进行"整理、整顿、清扫、清洁、安全、素养"处理。维护和保养测量仪器、仪表，确保其运行在最佳工作状态。

◇能力拓展◇

本电路只能检测温度范围：0~150℃，检测范围有限，若需要检测更大的范围，电路能否升级改造？为了达到这种范围，小组成员发挥团队协助精神，设计方案，讨论决策，制定计划实施吧。

◇任务评价◇

表 12-4 温度检测电路装调评价表

班级：_____ 　　　指导教师：_____
小组：_____ 姓名：_____ 　日　　期：_____

评价项目	评价标准	评价依据	评价方式 学生自评 15%	评价方式 小组互评 25%	评价方式 教师评价 60%	权重	得分小计
职业素养	1. 遵守规章制度与劳动纪律 2. 人身安全与设备安全 3. 积极主动完成工作任务 4. 完成任务的时间 5. 工作岗位 6S 处理	1. 劳动纪律 2. 工作态度 3. 团队协作精神				0.3	
专业能力	1. 掌握 OP07 集成运放的功能和使用方法 2. 能熟练制作流水灯 PCB 板，元器件装配达标 3. 能使用仪器调试电路和快速排除故障 4. 测量数据精度高	1. 工作原理分析 2. 安装工艺 3. 调试方法和步骤 4. 测量数据准确性				0.5	
创新能力	1. 电路调试时能提出自己独到的见解或解决方案 2. 能利用 ICL7107 A/D 转换器制作各种功能的电路 3. 能按时完成 Proteus 的仿真原理图的绘制	1. 调试、分析方案 2. 数字集成电路的灵活使用 3. 团队任务完成情况				0.2	
	总分						
综合评价	教师点评						

参考文献

［1］郭赟.电子技术基础［M］.北京：中国劳动社会保障出版社，2014

［2］郭赟.数字电路基础［M］.北京：中国劳动社会保障出版社，2017

［3］唐巍，管殿桂.经典电子电路［M］.北京：化学工业出版社，2019

［4］王秀艳，姜航，谷树忠等.Altium Designer 教程——原理图、PCB 设计［M］.北京：电子工业出版社，2019

［5］高建党，寸彦萍，徐晓津.电子电路调试与仿真［M］.昆明：云南大学出版社，2016